珊瑚礁生态监测
技术手册

黄　晖　主编

胡思敏　陈灵芝　副主编

海洋出版社

2023 年·北京

图书在版编目(CIP)数据

珊瑚礁生态监测技术手册/黄晖主编.—北京：
海洋出版社,2023.3
ISBN 978-7-5210-1085-5

Ⅰ.①珊… Ⅱ.①黄… Ⅲ.①珊瑚礁—生态系—环境
监测—技术手册 Ⅳ.①P737.2-62

中国国家版本馆 CIP 数据核字(2023)第 042178 号

责任编辑:赵 娟
责任印制:安 淼

海洋出版社 出版发行

http://www.oceanpress.com.cn
北京市海淀区大慧寺路 8 号 邮编:100081
鸿博昊天科技有限公司印刷
2023 年 3 月第 1 版 2023 年 3 月北京第 1 次印刷
开本:787mm×1092mm 1/16 印张:9.75
字数:200 千字 定价:108.00 元
发行部:010-62100090 总编室:010-62100034
海洋版图书印、装错误可随时退换

前　言

　　珊瑚礁通常分布于寡营养的热带海区，其独特的三维立体结构为众多的海洋生物提供了栖息之所，是海洋中最具生产力和生物多样性的生态系统之一。健康的珊瑚礁生态系统在生物资源增殖、海洋环境保护、生态系统调节、海岸保护和休闲旅游及相关产业等方面均发挥着重要的功能与作用，每年创造数百亿美元的经济价值。但珊瑚礁生态系统也是脆弱敏感的，极易受到环境变化和人类活动的影响，进而引起珊瑚礁的退化和生态系统服务功能的丧失。因而，科学、系统、长期、有效的生态监测工作是了解珊瑚礁健康状况、运作规律及其变动趋势的重要途径，也是开展珊瑚礁保护和管理工作的重要基础。

　　由于珊瑚礁独特的环境特征，对珊瑚礁的生态监测包含生物多样性、水质环境、底质状况、社会经济指标等不同内容，根据科研、管理等不同目标又包含不同监测方式和监测频率，还需要结合不同珊瑚礁的特定环境特征进行有针对性的指标选取，因而珊瑚礁生态监测需要标准的业务化流程和统一的指标体系，才能更利于监测数据的整合和对比。目前，国际上公认的珊瑚礁监测体系主要依托于全球珊瑚礁监测网络（GCRMN）、珊瑚礁普查（Reef Check）和全球珊瑚礁数据库。我国的珊瑚礁生态监测起步较晚，从 2004 年开始与国际接轨，采用国际标准或者通用的方法开展珊瑚礁监测工作，也于 2005 年制定了第一个珊瑚礁生态监测方法行业标准《珊瑚礁生态监测技术规程》（HY/T 082—2005）。近年来，气候变化和人类活动对珊瑚礁的影响日益加剧，珊瑚礁生态监测也面临新的挑战，比如频发的热白化事件、灾害生物暴发等，因而迫切需要加强珊瑚礁生态监测的规模和效率。

　　为使从事珊瑚礁保护研究、管理和实践的机构人员以及热心于珊瑚礁保护的志愿者和社会公众等更好地了解珊瑚礁生态监测动态、监测的基本原则和指标选取等，我们总结了团队十几年的珊瑚礁生态监测工作经验，查阅国际上珊瑚礁生态监测工作发展及动态，并结合前期培训班中珊瑚礁管理部门人员的知识需求，编写了这本《珊瑚礁生态监测技术手册》。该书主要介绍了珊瑚礁及其生态环境的基本科学知识，查阅大量资料总结了目前主要的珊瑚礁监测方法及技术手段，并介绍了每种方法的适用范围和选择依据，为不同环境特征的珊瑚礁生态监测方法选取提供参考。此外，还结合大量原生态照片介绍了珊瑚礁主要的生物类群及识别特征，提供了简便的生物鉴别方法。该书可作为珊瑚礁保护和管理部门工作人员和从事珊瑚礁研究的科研人员开展珊瑚礁生态监测工作的指导手册，也可作为海洋保育或珊瑚礁保育机构人士和长期参与珊瑚礁普查、海洋保育宣传活动的志愿者或潜水教学机构工作人员等的培训教材，对于普及和传播珊瑚礁生态监测科学知识、提高珊瑚礁保护意识和管护能力具有重要的科学指导和现实意义。

目　录

第1章 珊瑚礁生态系统概论

1.1 珊瑚礁与珊瑚礁生态系统

1.1.1 珊瑚礁概念

珊瑚礁是由珊瑚虫、珊瑚藻、软体动物外壳及有孔虫等钙质生物的石灰质骨骼残体经世代不断堆积形成的一种岩石体，其以造礁珊瑚（scleractinian coral）的碳酸钙骨骼为主体，主要成分为碳酸钙（$CaCO_3$）。以珊瑚礁岩体为依托发育而成的生物群落和其所处的生态环境形成的统一整体称为珊瑚礁生态系统（余克服，2018；郑新庆等，2021）。最主要的造礁珊瑚是造礁石珊瑚，属于刺胞动物门珊瑚虫纲六放珊瑚亚纲石珊瑚目，与虫黄藻共生，生长速度快，能分泌碳酸钙，具有强大的造礁功能，是珊瑚礁生态系统的最主要成分（王丽荣和赵焕庭，2001）。

造礁珊瑚骨骼形态复杂，为其他生物提供多样的且水体稳定、光照充足的生活环境，形成了特殊的珊瑚礁生态系统。珊瑚礁生态系统具有丰富的生物多样性、极高的初级生产力和美丽的海洋生态景观，被誉为"海洋中的热带雨林"（张志楠，2021；Boilard et al.，2020），能够提供丰富的生物资源，具有巨大的生态功能和经济效益。

1.1.2 珊瑚礁的形成与类型

珊瑚礁是由造礁珊瑚的残骸、珊瑚礁鱼类啃食珊瑚消化而成的珊瑚砂以及软珊瑚、棘皮动物、有孔虫、贝类等造礁生物的碳酸钙骨骼经过各种堆积作用形成的（沈国英和施并章，1996；赵焕庭和王丽荣，2016），其中珊瑚及其他刺胞动物的少数种类、软体动物和某些藻类对石灰岩的基质的形成起重要作用。珊瑚有极其发达的骨骼，有些种类骨骼生长在体外，犹如杯状，有些种类骨骼生长在体中、体内、体外的胚层间，犹如棒状、瘤状和六角形、八角形的骨针，这些骨骼是形成珊瑚礁及岛屿的主要原料。

典型的珊瑚礁由潟湖、礁坪和礁斜坡组成，具有复杂的垂直结构，因而生物物种的组成和多样性差异也很大，有分带、成层的现象出现。珊瑚礁有多种类型，达尔文（Darwin）在1842年将现代珊瑚礁分为3种主要类型，即岸礁、堡礁（离岸礁）和环礁。后人又另分出台礁、塔礁、点礁和礁滩4类。

岸礁，又称裙礁，其紧靠海岸向海发育延伸，与陆地之间局部或有一浅窄的礁塘。完全发育的岸礁多在东非沿岸的红海出现，加勒比海的大部分珊瑚礁，以及我国的涠洲岛周围、雷州半岛和海南岛周边的珊瑚礁都属于这种类型。在结构上，岸礁可划分为礁脊（reef crest）、礁坪（reef flat）、礁坡（reef slope）。

堡礁，其基底与大陆架相连，但与海岸间隔着一个较宽阔的大陆架浅海、海峡、水道或潟湖。著名的澳大利亚大堡礁就属于典型的堡礁，距澳洲大陆超过100 km，堡礁宽为300～1 000 m，由3 000多个珊瑚礁、岛组成，包括许多次级的台礁和环礁。堡礁的礁体在距离海岸较远的浅海中呈带状延伸分布，与海岸之间隔着一条宽带状的浅海潟湖，潟湖深度一般不超过100 m，宽度达几十千米。

环礁，呈马蹄形或环形的珊瑚礁，中间为潟湖。环礁分为封闭型和开放型两种，若环礁的潟湖被周围环带状的珊瑚礁完全包围，则为封闭型的环礁；若环带状的珊瑚礁有口门，使环礁的潟湖与外海相连，则为开放型的环礁。全球环礁约有330处，有九成的环礁分布在印度洋—太平洋海域。其中最大的环礁是夏威夷以南2 080 km的太平洋海面上的圣诞岛，该岛直径70 km，潟湖面积可达2 240 km²。南海最主要的珊瑚礁类型是环礁，南沙群岛、中沙群岛和西沙群岛的珊瑚礁基本都是环礁。

台礁，呈圆形或椭圆形的实心状，中间无潟湖或潟湖已淤积为浅水洼塘，也称为单礁。

塔礁，兀立于深海、大陆坡上的细高礁体。

点礁，为环礁潟湖中孤立的小礁体，形态多样。

礁滩，为匍匐在大陆架浅海海底的丘状珊瑚礁。

1.1.3　珊瑚礁的分布

现代珊瑚礁主要分布在南纬30°到北纬30°之间、贫营养的热带及亚热带海区。造礁珊瑚的生长发育对水温、盐度、水深和光照等自然条件的要求极其严格。水温是决定珊瑚礁水平空间分布的最关键因素，适合珊瑚生长的温度为20～28℃，造礁珊瑚在平均水温为23～27℃的水域中生长最旺盛，年最低月平均水温18℃是珊瑚礁分布的界限，低于18℃的水域中造礁珊瑚只能存活，无法成礁，但有少部分造礁珊瑚物种能短期忍受40℃的水温（廖芝衡，2021）。大多数造礁珊瑚生长所需的盐度为27～40，最佳盐度范围为34～36。为满足光照需求，造礁珊瑚通常生长在30 m以浅且底质稳固并具有清澈和低营养水体的海区（黄晖等，2021a）。

目前，全世界珊瑚礁面积约为 250 000 km²，东南亚海域中珊瑚礁分布面积最大，约为 70 000 km²，澳大利亚海域、印度洋、大西洋、中东海域分布的珊瑚礁面积依次递减，中东海域分布的珊瑚礁面积低于 15 000 km²（Souter et al.，2021）。世界造礁珊瑚被分为两个截然不同的区系，即印度洋—太平洋区系和大西洋—加勒比海区系，前者的属数和种数均高于后者，因而珊瑚礁的分布也明显表现出相关性。印度洋—太平洋海域的珊瑚礁面积约占世界珊瑚礁面积的91.9%（造礁石珊瑚种类共 82 属 1 000 余种），大西洋—加勒比海海域的珊瑚礁面积仅占世界珊瑚礁面积的 7.6%（造礁石珊瑚种类共 26 属 68 种）（张志楠，2021）。其中最著名的是澳大利亚东海岸外的大堡礁（Great Barrier Reef）和位于东南亚珊瑚礁区的"珊瑚金三角（Coral Triangle）"。大堡礁是世界面积最大、跨度最长的珊瑚礁，其总面积约 4×10⁴ km²，贯穿澳大利亚东部海岸 2 100 km，包括 600 多个岛屿，由 2 900 多个处于不同发育阶段的珊瑚礁组成。"珊瑚金三角"包括印度尼西亚、菲律宾、马来西亚、东帝汶、巴布亚新几内亚和所罗门群岛的珊瑚礁区，含珊瑚 627 种，鱼类 2 500 多种，被认为是全球造礁石珊瑚物种最多、生物多样最高的珊瑚礁区（Green and Mous，2008）。

我国珊瑚礁资源广阔，造礁石珊瑚种类占世界已发现造礁石珊瑚种类的1/3（Wu and Zhang，2012）。我国大陆珊瑚礁面积大约为 3.8×10⁴ km²，是世界珊瑚礁的重要组成部分，主要分布在广东、广西、海南岛和台湾岛的沿岸以及南海诸岛（黄晖等，2021a）。台湾岛北部、台湾海峡南部、钓鱼岛列岛和澎湖列岛等地为我国造礁石珊瑚的北界，虽位于北回归线以北，但黑潮及其分支带来了暖热的海水，适合造礁石珊瑚生长形成珊瑚礁。华南大陆沿岸受温带、亚热带沿岸流和河川径流入海等影响，不少岸段只零星生长造礁石珊瑚，广东大亚湾、珠江口及硇洲岛等水域不能形成珊瑚礁，仅雷州半岛西南岸、涠洲岛、斜阳岛、台湾岛和海南岛形成岸礁（赵焕庭，1998；王文欢，2017）。

1.2 珊瑚礁物种多样性及生态系统结构

珊瑚礁生态系统是一类独特且重要的生态系统，是海洋生态系统中最具生产力和生物多样性的生态系统之一，被誉为"海洋中的热带雨林""蓝色沙漠中的绿洲"、生物多样性保存库（Hughes et al.，2020）。全球珊瑚礁面积约占全部海洋面积的 0.07%（王文欢，2017），但为全球 20% 以上的海洋生物提供了食物来源和栖息地（Sheppard et al.，2017；唐议等，2022），已记录的礁栖生物种数占海洋生物总种数的 30%（赵美霞等，2006；Reaka - Kudla，1997）。全球珊瑚礁生态系统由约 4 000 种鱼类、800 种造礁石珊瑚以及数量庞大的无脊椎动物、大型藻类和微生物等组成，其中约有 830 000 多种细胞植物和动物，估计有13%是未命名的，74%尚未被发现（Kunzmann，2004）。大堡礁拥有4 000多种无脊椎动物、1 500多种珊瑚礁鱼类、400多种造礁石珊瑚和海绵（Li，2019）；东南亚区域的珊瑚礁拥有3 000多种珊瑚礁鱼类、约1 700种软体动物和400多种造礁石珊瑚（Narchi and Price，2015）；南海的群岛分布有386种造礁石珊瑚、381种珊瑚礁鱼类（黄晖等，2021b；吕向立，2019）。

珊瑚礁生态系统中丰富多样的生物之间通过复杂的食物链建立营养链接，进行物质传递和能量传输，支撑着系统的高效运转和产出。珊瑚礁中的食物链因为存在珊瑚更为独特，生产者为着生在礁石上的大型藻类、随波逐流的浮游植物还有珊瑚共生系统中的虫黄藻，这些自养的光合生物通过光合作用产生营养物质，是整个食物链的基础。在水中营浮游生活的浮游动物摄食浮游植物，由它们构成初级消费者；次级消费者由会摄食初级消费者的珊瑚虫、水母以及节肢动物等物种构成；再往上是由长棘海星、海星、螺类等物种构成的第三级消费者；食物链的层次逐渐高级，最终形成由鲨鱼、海龟等大型捕食者为结束的珊瑚礁生态系统。

1.3 珊瑚礁生态系统服务及其价值

生态系统服务是人类从生态系统中获得的所有惠益，主要分为供给服务、调节服务、支持服务和文化服务4个方面。珊瑚礁生态系统具有重要且特殊的生态系统服务功能，不仅能为人类提供丰富的海洋资源、带来巨大的经济效益，还具有极高的生态价值。珊瑚礁生态系统为全球约6.5亿人提供资源服务，包括食物资源、旅游娱乐、药物开发、生产原料和海岸线保护等（廖芝衡，2021）。

1.3.1 供给价值

健康的珊瑚礁系统每年每平方千米渔业产量达35 t，全球珊瑚礁每年为世界渔业市场提供10%左右的渔业产量（赵美霞等，2006），珊瑚礁渔业每年提供的渔业资源价值为68亿美元、海产品产量为142×10^4 t（Souter et al.，2021），东南亚地区珊瑚礁渔业和加勒比海地区珊瑚礁渔业每年创造收益分别达24亿美元和3.95亿美元（代血娇等，2021）。太平洋岛民饮食中70%的蛋白质来自与珊瑚礁有关的渔业。我国海南岛沿岸，生活周期与珊瑚礁有联系的鱼类达569种，还有大量具有重要经济价值的无脊椎动物和植物，如龙虾、鲍鱼、海参、珍珠贝类、麒麟菜等（周祖光，2004）。

珊瑚礁生态系统对于药物的开发和人类医学事业的发展具有重要的意义。我国历史上早已有利用珊瑚入药的记载，《新修本草》和《本草纲目》中均记载了珊瑚的药用,目前药用的珊瑚包括青琅玕、海白石、丛生盔型珊瑚等。珊瑚礁生态系统中的软珊瑚、柳珊瑚、海绵、海鞘、软体动物等体内含有高效抗癌、抗菌的化学物质,具有广阔的药物开发潜力,是现代海洋天然产物、海洋药物的热点资源,可作为潜在新兴药物原料。珊瑚的次级代谢产物结构多样、骨架独特、药理活性显著,具有潜在的药用价值。石珊瑚的无机化学成分中90%为碳酸钙,还含有少量的氧化镁、氧化铁、氧化钾、氧化锰,以及微量的钡、镱、铋、锶等稀有元素,其无机成分可用于医学上作为良好的复合人工骨骼材料和骨髓移植材料。

珊瑚礁生态系统中还蕴藏着丰富的天然气、石油和矿产资源。珊瑚礁上的礁灰岩具有良好的孔隙度和渗透率,是油气的天然储集体(王志金等,2017)。生物礁以其良好的储集性能在碳酸盐岩油气田中占有重要的地位,珊瑚礁型油气藏具有储量大、产量高、勘探成本较低等优点(甘玉青等,2009)。据统计,世界上主要油气田的可采总储量超过 189×10^8 t,生物礁油气藏储量约占世界探明储量的 10%(王力等,2021)。

珊瑚礁生态系统中的许多藻类可用于生产化妆品、琼脂、琼胶和肥料;石珊瑚可用作建筑材料及生产石灰、砂浆和水泥,在马尔代夫每年开采约 20 000 m^3 的石珊瑚作为主要的建筑材料。同时,全球范围内,有 60 亿美元的建筑受到珊瑚礁的保护而不被淹没。珊瑚碎片被收集和粉碎用作农业肥料,以其生产的石灰被用作农业中的 pH 调节剂(Dulvy et al.,1995)。由此可见,珊瑚礁生态系统在食品、医学和矿产资源等各方面均具有巨大的开发潜能。

1.3.2 调节价值

健康的珊瑚礁是自然防波堤,其礁体结构复杂、造礁速度快,对海浪能量和高度的消减高达 90%,礁体能够缓冲高达 97% 的海岸波浪能,使海岸线免受强风巨浪的侵蚀,同时在热带浅海抵御台风、保护沿岸地貌、保护人类的生命及财产安全。珊瑚礁具有自我修补能力,死亡的珊瑚被海浪等分解成细砂,取代被海潮冲走的沙粒并丰富了海滩。珊瑚礁、红树林和海防林被称为海岸线的三道防线,起到保护海岸线的作用,宽达 800 ~ 2 000 m 的岸礁坪是波浪的消能带和缓冲器,能够将海啸的破坏降到最低。环礁中的潟湖因为有礁体的保护而成为天然的避风港。

1.3.3 文化价值

珊瑚和珊瑚礁都能给人类带来美学上的享受和精神上的满足。珊瑚以其莹润的光泽和极富生命力的形态备受世人的喜爱。从清朝到现在,珊瑚一直被作为精美的饰品和奢侈的陈设品，具有极高的观赏价值并象征着一定的地位。珊瑚具有宗教价值和民俗价值，意大利人至今还保留着用红珊瑚做护身符以辟邪保平安的传统。珊瑚礁集海底风光、热带风光、海洋风光、生物世界于一体，具有极高的观赏价值，为发展生态旅游、潜水观光提供了优越条件。珊瑚礁生态系统中生物种类繁多、形态各异、色彩缤纷，优美的珊瑚礁生态景观为快速发展的旅游业提供了宝贵的观光资源，是人类灵感来源的胜地。目前，珊瑚礁旅游业每年为全球旅游业贡献 360 亿美元，为人类带来了巨大的经济价值。

1.3.4　支持价值

珊瑚礁复杂的三维立体结构，不仅为海洋生物提供了多样且优良的栖息地，也是许多鱼类和海洋无脊椎动物的产卵、繁殖和躲避敌害的场所。珊瑚礁是疏松多孔的结构，孔隙水及上覆水含量丰富的营养盐、溶解有机碳及颗粒有机碳为底栖生物提供了物质基础，同时孔隙结构内表面可达珊瑚礁表面积的 75%，大大增加了底栖微型生物的栖息场所，使得以底栖微藻为基础的底栖生物群落及微生物群落在珊瑚礁区广泛分布（严宏强等，2009）。珊瑚礁生物参与的生物化学过程和营养物质循环对于维持和促进全球碳循环有重要作用（Done et al.，1996），同时珊瑚礁生物的迁移对促进营养循环和维持生态平衡具有极其重要意义。珊瑚礁区碳酸盐沉积（无机碳代谢）是全球碳酸盐库的重要组成部分。珊瑚礁生态系统在决定海–气界面 CO_2 的交换中扮演很重要的角色，主要通过光合作用、呼吸作用、$CaCO_3$ 的沉淀和溶解来影响海洋的碳循环（江志坚和黄小平，2009）。虫黄藻通过光合作用将 CO_2 转变为碳水化合物，珊瑚虫将碳水化合物转变为 $CaCO_3$，经过数世代的堆积形成珊瑚礁，珊瑚礁可以降低环境中 CO_2 含量，调节海水中 pH 值以及减轻温室效应。

1.4　珊瑚礁生态系统与环境变化

珊瑚礁生态系统适应性较强，在更新世末的末次冰期时，海平面下降百余米，所有沿岸的珊瑚礁被毁。从 1 万年前起，海平面开始上升，珊瑚礁又重新遍布于大陆、岛架和海山周围，茁壮地生长。但其却又是敏感、脆弱的生态系统，易受到自然环境和人为干扰的影响，尤其是人类高强度扰动对陆地和海上的生态破坏、环境污染等，导致珊瑚礁生态系统严重破坏，甚至难以恢复（Williams et al.，2015）。调查研究显示，近年来，世界各地的珊瑚礁正在以惊人的速度减少，在联合国环境规划署资助的全球珊瑚礁监测网络发布的第六版《世界珊瑚礁现状报告（2020 年）》中指出，2009 年至 2018 年间，全球造礁石珊瑚的面积都有不同程度的下降。

威胁珊瑚礁生存的常见环境因素主要有：海洋污染、过度捕捞和破坏性捕捞、海水温度升高以及海水酸化、富营养化、悬浮物和微塑料等。

1.4.1 海洋污染对珊瑚礁生态系统的影响

由于绝大部分珊瑚礁生态系统位于近海，有毒有害元素（如汞）能够通过各种渠道进入珊瑚礁存在和生长的水域，在珊瑚礁生物中富集并经过食物链放大，对珊瑚礁生态系统造成潜在的危害。石油污染也是珊瑚礁面临的威胁之一。2020 年 7 月 25 日，一艘日本货船从我国开向巴西，在中途路过毛里求斯时，不幸触礁船身损坏，流出的燃油随着海流漂向了美丽的蓝湾海洋公园。它是由珊瑚礁、红树林以及各类珍稀动物组成的海域，同样也被认定为是世界上最重要的湿地之一。因为这次事故，此地珊瑚礁系统受到了重创。处理泄漏原油使用的油污分散剂，以及使用分散剂之后产生的分散油水聚集部分（WAFs），也会对珊瑚带来二次伤害。研究发现，暴露于厂家推荐浓度的分散剂中的珊瑚样品会被杀死（Shafir et al.，2007）。同时，分散油水聚集部分（WAFs）也对珊瑚的幼虫和幼体部分存在一定的影响。通过分散剂的处理会使珊瑚幼虫的附着定居率减少，而分散油水聚集部分（WAFs）的处理对幼虫还会引起诸多的问题，例如组织快速退化、形态改变和正常游泳行为丧失（何炜和武强，2009）。

1.4.2 不可持续的捕捞对珊瑚礁生态系统的影响

珊瑚礁鱼类是维系珊瑚礁健康必不可少的部分。许多鱼类是珊瑚礁健康的重要指示物种，如蝴蝶鱼等，有些鱼类是珊瑚礁敌害生物长棘海星的捕食者，如波纹唇鱼等；草食性鱼类的摄食行为可以维持珊瑚与藻类在生存空间上的竞争平衡，有利于珊瑚幼体的附着和生长，从而维持珊瑚礁的健康与稳定（吴莹莹等，2021）。而不可持续的捕捞方式（过度捕捞和破坏性捕鱼）会破坏这种平衡，不利于珊瑚礁的健康。不可持续的捕捞已被确定为对珊瑚礁的所有威胁中最普遍的。世界上超过 55% 的珊瑚礁受到过度捕捞和破坏性捕捞的威胁，例如东南亚海域有大约 95% 的珊瑚礁受此影响。

过度捕捞会导致珊瑚礁渔业出现显著的衰退，研究发现西沙群岛永兴岛及七连屿浅水礁区珊瑚礁鱼类平均密度由 2005 年的 3.10 ind/m^2 下降到 2013 年的 1.23 ind/m^2，北岛、西沙洲和赵述岛由 2005 年的 2.35 ~ 3.00 ind/m^2 下降到 2013 年的 0.85 ~ 1.43 ind/m^2（王腾等，2022），推测导致鱼类数量及密度减少的主要原因是西沙群岛频繁的渔业活动以及超负荷捕捞。破坏性捕鱼方法对于珊瑚而言也具有极其负面的影响。破坏性捕鱼方法包括使用炸药杀死或击晕鱼类以及使用氰化物等有毒药物捕获观赏鱼类。炸鱼直接破坏珊瑚和珊瑚礁体，使珊瑚个体断裂、破碎、翻转，导致珊瑚死亡，这种外力机械破坏作用导致的破坏很难恢复。在珊瑚礁上喷洒或倾倒氰化物会破坏和杀死珊瑚，研究表明即使是极少量的氰化物也会对珊瑚产生破坏作用，能杀死珊瑚中的共生藻，最终可能导致珊瑚的死亡，直接影响珊瑚礁生态系统。

1.4.3 全球变暖对珊瑚礁生态系统的影响

海水升温会降低珊瑚的钙化速率，影响珊瑚的正常钙化作用。还会使珊瑚失去体内共生的虫黄藻，或共生的虫黄藻失去体内的色素，影响其光合作用，从而影响共生虫黄藻向宿主珊瑚提供物质和能量的能力，严重时也会引起珊瑚死亡。此外，热白化事件可能导致珊瑚－微生物共生体发生重组，引起细菌群落的改变和细菌性疾病发生的风险。研究发现，当热白化事件发生时，所有珊瑚物种的潜在病原菌均显著地增加，潜在细菌病原体的大量增加在很大程度上会增加珊瑚患细菌性疾病的可能性，加剧珊瑚死亡的风险。珊瑚白化死亡又会产生一系列后续的负面生态效应，主要为珊瑚覆盖率以及多样性的锐减，珊瑚群落组成和结构往往也发生变化，珊瑚死亡后逐渐被海浪等物理作用破碎化并被藻类占据，珊瑚礁所具有的三维复杂结构趋于瓦解，最终丧失其特有的生态功能。即使是生长较快的珊瑚，更新换代也至少需要10年的时间，但是珊瑚礁白化的频繁发生，使珊瑚礁白化后的恢复变得越加艰难。

目前，由人类活动而产生的气候变暖事件已经成为全球珊瑚礁生态系统面临的最大威胁，海水升温被认为是导致世界范围内珊瑚礁白化的主要原因，由此引发的珊瑚大规模白化事件的发生频率也可能会愈加频繁（Mcmanus et al.，2020）。在最近的30年以来，全球大多数地区的珊瑚礁均受到了较严重的白化威胁。其中最引起注意的是在2015—2016年发生的大规模珊瑚礁白化事件，这次事件波及了全球75%的珊瑚礁（Hughes et al.，2019）。因而，在新的环境背景下，珊瑚礁生态监测也面临新的挑战，如何对白化事件进行有效的跟踪监测也是急需开展的工作。

1.4.4 海水酸化对珊瑚礁生态系统的影响

海洋酸化直接影响着海洋生态系统的结构与健康，就珊瑚礁生态系统而言，海洋酸化甚至是决定未来珊瑚礁存亡的关键因子。海洋酸化不仅会导致珊瑚钙化率的降低，还会影响珊瑚和虫黄藻的共生系统，共生藻的光合作用受影响从而导致提供给珊瑚宿主的物质和能量发生变化。与珊瑚共生的微生物群落在这一过程中也可能受到影响，从而影响珊瑚的生理或健康状况。海洋酸化还会影响珊瑚的群落结构。研究发现，随着海水pH值的降低，分枝状珊瑚丰度降低而耐受的团块状滨珊瑚则占主导，进而影响生态系统的结构复杂程度；珊瑚礁生态系统可能由珊瑚主导转变为大型藻类主导（Enochs et al.，2015），生境复杂度降低。此外，海水酸化还会促进珊瑚礁系统内的溶解现象。研究表明，即使是在健康的珊瑚礁区，溶解现象也是伴随珊瑚钙化同时发生的，只是由于钙化的速度大于溶解的速度，因此整个礁区通常表现为净钙化，即钙积累。但是，随着海洋酸化的情况越来越严重，珊瑚礁的溶解速率不断升高，当溶解速度与钙化速度相等或超过其钙化速度，某些珊瑚礁将可能出现负生长。与珊瑚礁相关的底层浮游动物的数量以及大型底栖无脊椎动物的生物多样性在总体水平上也会随着珊瑚礁生态系统的退化而受到波及。

珊瑚的早期发育过程受酸化的影响更为明显。有结果表明，酸化处理使简单鹿角珊瑚（*Acropora austera*）幼体存活率显著下降（孙有方等，2020）。加勒比海鹿角珊瑚幼体存活率随着酸化程度的增加而显著降低（Albright et al.，2020）。酸化也会抑制鹿角杯形珊瑚幼体的钙化（Jiang et al.，2015）。酸化还会抑制珊瑚幼虫的附着（Webster et al.，2013），当早期的生活史阶段受到海洋酸化的影响，幼虫和幼体的数量就会急剧下降。珊瑚幼虫的附着、存活和幼体存活深刻影响造礁石珊瑚的种群延续和珊瑚礁潜在的恢复和抵抗能力，对珊瑚遗传多样性和受损珊瑚礁自然恢复等具有重要意义（Harrison，2011）。

1.4.5　富营养化对珊瑚礁生态系统的影响

富营养化对珊瑚礁生态系统的影响存在直接和间接两种方式，直接影响主要是通过影响珊瑚–虫黄藻共生系统的生理活动，从而对珊瑚礁生态系统的健康状态产生影响，典型的影响有降低珊瑚的生长率和繁殖率，或者增加珊瑚共生系统对白化现象和疾病的感染可能性；而间接影响是通过刺激造礁珊瑚藻的生长或者促进珊瑚礁不常见的营养性藻类变成优势种，通过影响藻类的生长状况间接地改变珊瑚礁生态系统的群落结构（Alian，2002）。

研究发现，短期暴露在一次性添加高浓度营养盐的环境里，珊瑚个体并没有受到很严重的胁迫，但是长期暴露在连续添加的环境里，即在环境中的营养盐浓度逐步上升的生境中，珊瑚的新陈代谢和钙化过程会受到很大的影响。高浓度的无机氮会提高叶绿素含量、光合作用效率以及虫黄藻的密度，在无机氮的含量逐步上升的情况下，营养盐首先用作于虫黄藻自身的生长，而不是用于宿主珊瑚的组织生长，因此才会使虫黄藻密度增加。此外，溶解无机营养盐可能会抑制珊瑚的受精、生育、胚胎和幼虫的发展及其幼虫的附着。

1.4.6　悬浮物和微塑料对珊瑚礁生态系统的影响

近些年来，输入到近岸珊瑚礁水体中的悬浮物成倍增加，悬浮物会影响珊瑚共生藻对光能的获取，抑制其光合作用，悬浮物沉降到珊瑚礁区底质上则会影响珊瑚幼体附着，从而改变珊瑚群落结构和健康状态。有研究表明，海水悬浮物浓度的升高是近岸珊瑚礁不断退化的原因之一，悬浮物增加降低了造礁石珊瑚的生长速率、钙化速率以及幼体补充率等。大部分造礁石珊瑚对悬浮沉积物的耐受能力差，这与珊瑚的生活习性、珊瑚的种类、形态、甚至生长方向有很大关系，也受悬浮沉积物本身的数量以及种类影响。在悬浮物浓度较高的海区一些珊瑚物种可以长时间生存，如滨珊瑚对悬浮沉积物具有较强的耐受能力。这可能与珊瑚的营养策略改变有关，悬浮物变化显著地影响造礁石珊瑚营养方式，进而对其生长与分布产生重要影响（罗勇等，2021），悬浮物中有机组分的 60% ~ 90% 会在沉降到底层之前通过生物摄食作用或分解作用重新进入物质循环过程（赵卫东，2000），可能为包括珊瑚在内的珊瑚礁生物提供重要的补充物质来源，这种异养物质补充可能是个别珊瑚种类适应高悬浮物的一种策略。

此外，悬浮物中可能会有有害物质危害珊瑚的健康，比如微塑料。近年来，中国南海群岛、澳大利亚大堡礁、东南亚地区等珊瑚礁海域已出现微塑料污染。在罗德岛（Rhode Island）近海区域温带珊瑚（*Astrangia poculata*）群落的调查中，在单个珊瑚虫体内发现了（112.00 ± 5.01）个微塑料，这是研究者首次在野生珊瑚体内发现微塑料（Rotjan et al.，2019）。研究表明，摄入微塑料会对生物机体造成物理伤害或生理生化的影响，如可能会引起延迟排卵、繁殖失败、降低类固醇激素水平、抑制胃酶分泌、减少生物进食等一系列问题，甚至最后还可能会导致死亡。海洋微塑料是聚合物、有机单体和化学添加剂等物质的残留体，它还会吸附环境中的各种污染物、微生物和细菌等，最终成为有毒有害物质的传播载体，增加珊瑚患病的风险。例如，海洋中聚丙烯塑料上的微生物群落以弧菌属（Vibrio）为主，而弧菌中存在的一种条件致病菌，可能会引起称为白色综合征的珊瑚疾病（Bourne et al.，2015）。当珊瑚与微塑料接触时，患病的可能性由 4% 上升至 89%。微塑料及其吸附的毒性物质进入珊瑚的生物体后，可能会转移到细胞和组织中，继而引发严重的毒害作用，微塑料碎片还可通过对珊瑚的摩擦产生损伤，从而促进外界环境中的病原体侵入或破坏伤口正常愈合的免疫功能，进而影响整个珊瑚礁生态系统的健康状态。

1.5 我国珊瑚礁生态系统概况

我国珊瑚礁资源广阔，主要分布在华南大陆沿岸、台湾岛和海南岛沿岸以及南海的东沙群岛、西沙群岛、中沙群岛和南沙群岛。我国珊瑚礁有典型的岸礁类型，也有典型的海岛型珊瑚礁，同时也有兼两者特征的过渡类型（主要分布于海南岛周围）。我国南海北部分布的珊瑚礁主要受一支热带暖流"黑潮"的影响，其主支由于受台湾岛和琉球群岛的阻挡，往北拐向日本群岛，没有到达我国沿岸海域，造成我国沿岸的现代珊瑚礁绝大部分分布在 20.5°N 以南的热带海域，尤其是西沙群岛、南沙群岛等岛屿；受到黑潮的影响，我国台湾岛及其附近离岛岛礁仍有珊瑚礁分布（邹仁林，2001）；广西涠洲岛和广东徐闻的造礁石珊瑚仍能形成珊瑚礁，再往北分布的造礁石珊瑚则不能形成珊瑚礁，只能称之为造礁石珊瑚群落，如分布在广东大亚湾和福建东山的造礁石珊瑚群落（张乔民，2001）。造礁石珊瑚在我国的分布远大于珊瑚礁分布，从福建、广东和广西沿岸到海南岛和台湾岛及其周围离岸岛屿，再到南海诸岛都有分布。

根据黄晖等（2021a）发布的《中国珊瑚礁状况报告（2010—2019）》，我国珊瑚礁总面积约 $3.8 \times 10^4 \text{ km}^2$。其中，华南沿岸的岸礁面积较小，这是由于该区域纬度较高，许多造礁石珊瑚群落如福建和珠江口等地区的群落因受温度限制不能成礁。海南岛、台湾岛和南海诸岛则拥有丰富的珊瑚礁资源，其中南海诸岛则是中国最主要的海岛型珊瑚礁的分布区域。

1.5.1　珊瑚礁资源与现状

在黄晖等（2021a）发布的《中国珊瑚礁状况报告（2010—2019）》中，对我国珊瑚礁物种现状进行了重新梳理，确定中国造礁石珊瑚物种共 16 科 77 属 445 种。不同地区的造礁石珊瑚物种数量最多的是南沙群岛，有 386 种，而物种数量最少的是福建，仅有 7 种（黄晖等，2021a）。报告中也对我国不同区域的活造礁石珊瑚覆盖率进行了统计（黄晖等，2021a）。通过比较最近覆盖率的数据与之前文献中的记录情况，发现中国的造礁石珊瑚覆盖率以及物种数量，均有不同程度的下降。

此外，在《中国珊瑚礁状况报告（2010—2019）》中，还借助珊瑚礁生态系统健康评价综合指数（coral reef ecosystem health assessment comprehensive index, CHI）对珊瑚礁或造礁石珊瑚群落进行了健康评价，按照孙有方等（2018）指定的珊瑚礁生态系统健康评价体系，将珊瑚礁健康程度定义为 $75 \leqslant \text{CHI} \leqslant 100$ 为"良好"（good），$35 \leqslant \text{CHI} < 75$ 为"一般"（general），$0 < \text{CHI} < 35$ 为"差"（very poor）（孙有方等，2018）。评价"差"表明珊瑚礁或造礁石珊瑚群落自然属性发生改变，生物多样性降低，造礁石珊瑚群落出现一定程度的变化，珊瑚礁或造礁石珊瑚群落所能发挥的功能严重受损或丧失，外界所产生的威胁已经超出珊瑚礁的承受范围，并且在短期内难以恢复。评价"一般"表明珊瑚礁或造礁石珊瑚群落基本保持自然属性，生物多样性降低，造礁石珊瑚群落出现一定程度的变化，珊瑚礁或造礁石珊瑚群落所能发挥的功能受损。评价"良好"表明珊瑚

礁或造礁石珊瑚群落保持自然属性，生物多样性稳定，造礁石珊瑚群落结构良好，珊瑚礁或造礁石珊瑚群落所能发挥的功能正常发挥。

目前，我国的珊瑚礁和造礁石珊瑚群落基本都处于"一般"或者"差"的状况。其中，福建东山造礁石珊瑚群落、广东珠江口庙湾造礁石珊瑚群落、广东徐闻珊瑚礁群落和海南文昌珊瑚礁群落的评价等级为"差"，说明这些区域的珊瑚礁或造礁石珊瑚群落的性质都已发生改变。另外，广东大亚湾、广西涠洲岛、海南三亚以及西沙群岛的珊瑚礁评价状况为"一般"，因此认为这些区域的珊瑚礁或造礁石珊瑚群落基本保持自然属性，但都有不同程度的功能受损（黄晖等，2021a）。我国珊瑚礁的这种现状也从侧面说明了当下加强珊瑚礁生态监测的重要性，获取全面的监测数据才能更好地评估现状、预测未来的发展及演变趋势，制定更加适宜的保护策略。

1.5.2　我国珊瑚礁的保护现状

我国的珊瑚礁保护事业起步基本与世界其他国家同步。20 世纪 80 年代初期，广东在西南中沙和大亚湾等海域，划建以水产资源和珍稀海洋物种为保护对象的自然保护区时，同时将区域内的珊瑚礁也列为了保护对象。80 年代末期至 90 年代我国先后建立了多个以珊瑚和珊瑚礁为主要保护对象的自然保护区。近 40 年来，我国的海洋生态环境保护和物种保护的法律、法规、规章和规划中都将珊瑚和珊瑚礁保护列为不可或缺的内容。尤其是近年来，我国一些科研机构在南海诸岛和华南近岸进行了珊瑚礁生态修复研究和实践，民间对珊瑚礁保护修复的热情也日趋高涨。

目前，我国已出台的有关珊瑚礁生态保护相关的法律、法规有《中华人民共和国海洋环境保护法》《中华人民共和国渔业法》《中华人民共和国野生动物保护法》《中华人民共和国环境影响评价法》《中华人民共和国海域使用管理法》《中华人民共和国自然保护区条例》等。各地方政府针对当地的珊瑚资源情况，也出台了一些相关的地方性法规和规章，例如：1995 年 8 月，三亚市人民政府颁布了《关于禁止开采捕捉销售珊瑚、玳瑁及其制品的通告》；2016 年 11 月 30 日，海南省第五届人民代表大会常务委员会第二十四次会议审议通过了《海南省珊瑚礁和砗磲保护规定》，并于 2017 年 1 月 1 日施行。

除了上述法律、法规外，海洋功能区划和海洋生态红线也是保护珊瑚礁非常重要的措施。海洋功能区划是海域使用管理和海洋环境保护的重要制度，是海域资源开发、控制和综合管理以及编制各类涉海规划的法定依据，目的是实现海域的合理开发和可持续利用。海洋保护区是八大类海洋功能区中的一个类别，包括海洋自然保护区和海洋特别保护区，如《广东省海洋功能区划（2011—2020）》中在海洋保护区类别中强调要加强红树林、珊瑚礁、海草床、滨海湿地、海岛、海湾、入海河口、重要渔业水域等具有典型性、代表性的海洋生态系统保护。海洋生态保护红线是指将重要海洋生态功能区、海洋生态敏感区和海洋生态脆弱区划定为重点管控区而形成的地理区域的边界线及相关管理指标的控制线。珊瑚礁生态红线区是限制类红线区，除实施总体管控措施外，还有"禁止围填海，禁止采挖珊瑚礁，禁止以爆破、钻孔、施用有毒物质等方式破坏珊瑚礁；严格控制电厂的温排水和冷排水的排放，避免对珊瑚礁生态环境的影响；禁止占用珊瑚礁修建与保护无关的海上海岸设施；禁止可能破坏珊瑚礁的其他开发活动"等专门的管控措施。

珊瑚礁对我国海洋自然资源与环境、社会经济乃至科学研究等均具有重要价值，尤其是南海诸岛海域的珊瑚礁，更具有重要的国家战略意义。即便是华南近岸零星的造礁石珊瑚群落，虽地处亚热带且不能成礁，但在全球变暖背景下也可望成为造礁石珊瑚安度高温胁迫的避难所。然而近几十年来，随着全球暖化加剧与人类活动（城市发展、港口建设、过度渔业等）的增加，我国珊瑚礁面临的威胁日趋加重，整体状况不断衰退，正处于非常关键的窗口期。在这样的背景下，开展系统科学的珊瑚礁生态监测，建立统一规范的监测技术方法等，是维护我国珊瑚礁生态系统健康、促进海洋经济发展和资源合理利用的必要措施。

1.6　珊瑚礁监测方法简介

通过对珊瑚礁生态系统的监测，我们可以了解到珊瑚的健康状态、水体的营养状态以及珊瑚礁生态系统的物种多样性程度，进而评估珊瑚礁生态系统的现状及其可能面临的环境压力，从而采取有效的保护或修复措施来改善珊瑚的生存环境、促进珊瑚更好地生长，维持其生态系统服务功能。

珊瑚礁生态系统的监测包括珊瑚礁监测和周围环境的水质监测。

国内外通用的珊瑚礁监测方法有如下几种：①鳐式监测法：该方法主要由一名潜水员和船上的记录仪执行，勘测船有规律地停止，浮潜潜水员向记录器报告珊瑚覆盖情况和棘冠海星的数量。记录仪用便携式 GPS 接收器记录下他们停止的位置和时间，GPS 接收器设置为自动记录测量路径；②截线样带法：通过将一条固定长度的样带放在珊瑚礁上，作为参考物，判断并计算在该样带上包含范围内的生物，进而得到珊瑚的覆盖率；③水肺拍照法：由专业潜水员执行穿越线法，通过拍摄录像，记录调查范围内的珊瑚生长情况、健康状况、白化的比例、大型底栖生物以及藻类等信息；④珊瑚礁普查法（Reef-check）：类似于人口普查，主要就是收集珊瑚礁健康的基本信息，保留了一些比较性，但与此同时也存在创新的地方；⑤全位一体监测方法：把多种水质传感器和高分辨率水下摄像机整合于一个系统内，同时完成实时在线远距离传输，从而构建珊瑚礁生态系统的原位监测系统。再结合卫星监测手段，利用遥感技术可以快速、大面积、周期性地获取全球珊瑚礁的信息，尤其是在人类无法到达的偏远区域。

珊瑚礁区水质监测并没有专门的技术规范，主要是参照海洋监测和调查相关技术规范，例如海洋监测规范（GB 17378）和海洋调查规范（GB/T 12763）。主要的水质监测的指标分为 3 个类别，即物理参数、化学参数和生物参数。其中，物理参数主要包含深度、温度、盐度、透明度、悬浮物、悬浮物沉降速率、海流、海浪和浊度等；化学参数主要包含 pH 值、溶解氧、铵盐、硝酸盐、磷酸盐、硅酸盐和化学需氧量等；生物参数则是一些生物指标，例如叶绿素 a 等。

在实际工作中，应该结合不同珊瑚礁生态系统的特征和现状，选取合适的监测手段、监测技术以及监测指标，以期获取全面的珊瑚礁生态系统健康状态和物种多样性的数据。

第2章　珊瑚礁生态监测方法

2.1　生态监测意义

珊瑚礁生态监测，一般指在有代表性的、能反映目标海区珊瑚礁生态状况的位置，科学合理地设置监测位点，对珊瑚礁生物多样性、水质环境、底质状况、社会经济指标等内容，进行定期的、连续的或长期的调查与监测。珊瑚礁作为支撑地球上海洋生物多样性最高的物种栖息地，也是地球上最易受到威胁的生态系统之一，面对全球变化，迫切需要增加珊瑚礁监测的频率和规模。

监测既可以是特定的，也可以是通用的，每个珊瑚礁区域都有不同的管理信息需求，因此监测计划的设计必须选择符合这些需求的方法，可以使用标准和常用的方法来监测珊瑚礁，因为这些方法已经过广泛的试验，使用标准方法也意味着能够在区域和全球范围内将监测到的珊瑚礁与其他珊瑚礁的状况进行比较。

根据目的性质，又可分为研究性监测、长期业务化监测和事故性监测，这些指标是珊瑚礁生态监测工作中不可缺少的内容，是掌握珊瑚礁生态环境健康状况、评价珊瑚礁生态保护或修复措施的效果、积累珊瑚礁生态环境本底和健康状况的长期监测数据的重要手段。

对珊瑚礁的长期监测和综合生态系统观测可提供关键数据，帮助沿海居民及海洋管理者了解珊瑚礁的健康状况。因此，需要对综合监测和观测系统进行深思熟虑的设计，以解决当地的社会生态和社会经济层面的问题。同时，从地方到全球层面数据汇总的能力也同样重要，以反馈到能够影响珊瑚礁长期可持续性的全球治理过程的规模（Obura et al.，2019）。

2.2　国内外生态监测动态

随着世界珊瑚礁受到全球气候与环境变化的广泛影响，欧美等科技先进国家率先在全球范围内开展珊瑚礁监测工作，随后许多珊瑚礁资源丰富的国家，陆续加入了全球性珊瑚礁监测网络。1988 年，为了适应全球对珊瑚礁基础资料的需求，联合国环境署（UNEP）和世界自然保护联盟（IUCN）出版了《世界珊瑚礁》，第一次详细汇总了世界 108 个国家珊瑚礁状况。20 世纪 90 年代初，由联合国教科文组织/政府间海洋学委员会（IOC/UNESCO）、联合国环境署和世界自然保护联盟共同发起，成立了全球珊瑚礁监测网络（GCRMN），后来成为国际珊瑚礁倡议（ICRI）活动组织之一。1997 年，美国加州大学的Gregor Hodgson 博士发展并推广一项简单易学的规范培训休闲潜水志愿者进行全球珊瑚礁健康状况监测活动——珊瑚礁普查法（Reef Check）。珊瑚礁普查在美国、澳大利亚、东南亚地区、我国香港等地区开展起来，并逐渐发展为全球性最大的珊瑚礁监测活动，目前已有 90 多个国家和地区加入全球珊瑚礁普查行动。此外，在 1993 年，国际水生生物资源管理中心（ICLARM）和联合国环境保护世界监测中心（UNEP‐WCMC）共同建立了全球珊瑚礁数据库，现已成为全球珊瑚礁监测管理和研究的因特网数据中心。目前，以全球珊瑚礁监测网络、珊瑚礁普查和以珊瑚礁数据库为主的全球珊瑚礁监测体系已经建立。

我国珊瑚礁生物生态研究，开始于 20 世纪 60 年代，但研究力量长期限于少数机构和专家，缺乏全局规划，加上经费的不足，导致研究范围和监测连续性受到一定的限制。为摸清珊瑚礁的生存状况，更好地服务于保护管理与社会经济，我国从 2004 年开始与国际接轨，采用国际标准或者通用的方法开展珊瑚礁监测工作。我国于 2005 年就制定了第一个珊瑚礁生态监测方法行业标准《珊瑚礁生态监测技术规程》（HY/T 082—2005），其中详细规定了我国珊瑚礁生态调查与监测的主要内容、技术要求和方法。

2.3 生态监测主要参数与流程图

珊瑚礁生态监测包括自然环境中的生物参数和物理参数。生物参数主要衡量珊瑚礁上生物的状态和趋势，生物参数侧重于主要资源，这些参数可用于评估自然干扰和人为干扰对珊瑚礁的破坏程度。最常测量的生态参数包括：珊瑚的覆盖率，珊瑚群落的物种组成和大小结构，珊瑚白化的程度和性质，珊瑚疾病的范围和类型，鱼类种群的数量、物种组成、生物量和结构，其他特别感兴趣的生物种群，如海参、海胆、海星等。物理参数主要测量珊瑚礁上和周围的物理环境，这提供了对珊瑚礁周围环境的物理描述，有助于制作地图，以及测量环境的变化。参数包括深度、海流、温度、水质、能见度以及盐度等。

珊瑚礁生态监测流程如图2.1所示。

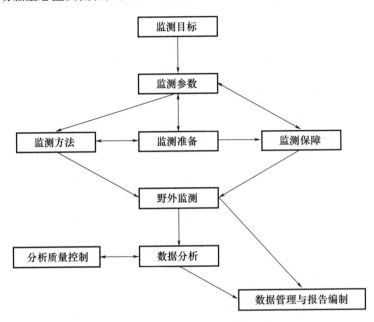

图2.1　珊瑚礁生态监测流程

2.4　珊瑚礁生态监测的方法

目前，珊瑚礁现状监测通常采用澳大利亚海洋研究所制定和全球珊瑚礁监测网络（GCRMN）推荐使用的拖板法和截线样带法。其中，对于生物指标，全球广泛采用的方法为截线样带法和珊瑚礁普查法（Reef-check）。拖板法适用于短时间大范围珊瑚礁底栖群落的较粗略评估，截线样带法适用于珊瑚礁底栖生物的较详细和较准确的评估（张乔民等，2006）。

在传统意义上，珊瑚礁生态调查与监测最广泛使用的方法是采用水肺（SCUBA）进行水下目视监测。采用现场目视法进行珊瑚礁生物群落的监测与评估，在现阶段的应用有一定的局限性：依靠水下现场视觉估计珊瑚覆盖率，或在室内辨别珊瑚种类及其覆盖率等，需要专业技能水平高，而且非常消耗时间。但是，这种方法得到的结果往往是最准确可靠的。通过实地调查进行的监测提供了准确的数据，但具有高度本地化的规模，因此在频繁的时间点进行珊瑚礁规模监测并不具有成本效益。

目前，针对珊瑚礁生物多样性和生态系统功能的调查方法，研究者们开发了许多补充措施，如近年来兴起的环境DNA（environmental DNA，eDNA：

从生物体中脱落或排出到环境中的 DNA）分析，被用来评估水生环境物种多样性（West et al.，2020）。虽然这种新方法目前还存在诸多不足，但是该方法已在夏威夷珊瑚覆盖率快速评估中成功实践。另外，利用水下自动巡航机器人进行生态监测的方法，目前也在世界各地兴起（Maslin et al.，2021；Nocerino et al.，2020；Manderson et al.，2017）。同时，卫星遥感是一种替代和补充方法，虽然遥感无法在单个点上提供比实地调查更详细和准确的信息，但推断大规模模式的统计能力有助于实现完整的区域覆盖（Healey et al.，2016）。

监测方法的选择取决于很多因素。比如信息需求、监测内容、资源利用、监测规模、珊瑚礁类型、地点选择、质量控制和培训、数据处理和交流结果等。

以下主要介绍 3 种通用的珊瑚礁生态监测方法：鳐式监测法（拖板法）、截线样带法和珊瑚礁普查法。

2.4.1　鳐式监测法

鳐式监测法是获得对珊瑚礁大体描述的最佳方法。鳐式监测方法主要用于大型珊瑚礁生态系统的大范围调查，并测量珊瑚礁上生物丰度和分布的广泛变化（Bass and Miller，2003）。与其他调查监测技术相比，鳐式监测技术的优势在于，它可以用最少的设备快速调查大面积的珊瑚礁。

鳐式监测技术开发于 1969 年，用于评估密克罗尼西亚的珊瑚礁上的长棘海星密度，类似的研究在红海、密克罗尼西亚（Goreau et al.，1972）和大堡礁也有进行，自 20 世纪 70 年代以来，鳐式监测技术已被广泛用于大堡礁的大范围调查（Moran and De'ath，1992），该技术涉及在船后以恒定速度牵引浮潜潜水员，观察者抓着一个用 17 m 长的绳索连接在小船上的鳐式板，在每次拖曳的过程中（持续 2 min）对特定的变量进行视觉评估，见图 2.2 和图 2.3，并在小船停止时将这些数据记录在数据表上，见表 2.1。

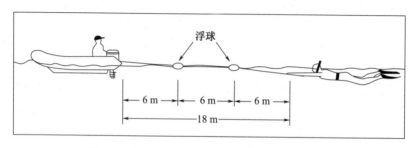

图 2.2　鳐式监测技术（Bass and Miller，2003）

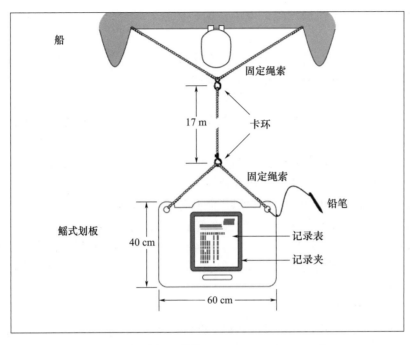

图2.3 鳐式板及附件（Bass and Miller，2003）

表2.1 鳐式板数据表（Bass and Miller，2003）

珊瑚礁名称_____起点终点坐标_____日期_____观察者_____
风强_____云量_____海况_____潮汐

序号	底栖藻类覆盖率	珊瑚覆盖率			摄食痕迹数	能见度	其他
		活珊瑚	死珊瑚	软珊瑚			
1							
2							
3							
4							
5							
6							
7							
8							
9							
10							

鳐式监测技术在珊瑚礁环境中作为一种普遍的监测方法非常有用，原因如下：

(1) 操作相对简单，监测调查是连续的；

(2) 可以在相当艰苦的条件下在偏远地区进行；

(3) 观察者不需要特殊的设备或资质来进行调查；

(4) 能够在相对较短的时间内收集大面积的信息，包括整个珊瑚礁周边的信息。

当然鳐式监测技术还存在一些缺点，对其使用有特定的限制，主要有：

(1) 观察者无法更深入地调查某些地区；

(2) 数据的精度和准确性受到多个不同因素的影响；

(3) 该技术比其他一些技术产生的单位面积信息更少；

(4) 在记录一系列变量的情况下，观察者可能会在较短的时间后对信息饱和；

(5) 由于拖船路径主要由船只驾驶员控制，因此拖航路径的变化可能发生在连续的调查之间。

2.4.1.1　监测站位

根据卫片、航片及以往调查数据，确定造礁珊瑚重点分布区域，应对整个造礁珊瑚重点分布区进行监测。浅水域和难以确定是否有造礁珊瑚分布的深水域一般不作为监测区域。如果拟监测造礁珊瑚分布区域的海域岸线较长，把监测区域分成若干个重点监测站位。

2.4.1.2　海况要求

在能见度大于 6 m，海况及风力等级为 3 级以下的晴天观测。

2.4.1.3　监测路线

鳐式观测一次航行观测的海底宽度为 10～12 m。监测路线的方向决定于风、水流和太阳的角度等因素。在天气条件允许时，环礁体采用顺时针方向，岸礁类型应按照礁体的长轴方向来回观测。现场监测前应根据监测站位的范围、珊瑚礁类型及每次航行观测的海底宽度设计监测航行的路线，确保每条路线互不重复又能全面观测海底珊瑚礁的现状。现场观测过程中，当船只难以沿着理想的拖曳路线航行时，观察者要根据其在礁坡上的位置改变观察宽度。

2.4.1.4　监测步骤

进行鳐式监测时，挂机小船拖曳速度应随海流和海况等因素做相应调整，一般为 3～5 km/h。鳐式监测以 2 min 为 1 个单元，在连续拖曳观测 2 min 后，拖曳船停下来，观察者在固定于鳐式板上的调查记录表上记录数据。记录的指标为底栖藻类覆盖率，活珊瑚、死珊瑚和软珊瑚的覆盖率，摄食（白珊瑚）痕迹数量，能见度和任何值得注意的观察。另一栏是关于珊瑚礁结构、坡度、多样性、鱼类丰度、珊瑚死亡率等（Goreau et al.，1972；Baker et al.；1990；Miller and Müller，1999）。驾船者同时记录拖曳次数和船在1个监测单元的起点及终点坐标。重复该过程，直到监测结束。

2.4.1.5　数据处理

每天调查完后，必须对当日的数据进行校核，原始数据中应包括标明调查起点和每次拖曳结束站位的图。按要求的格式填写监测数据报表。

2.4.2　截线样带法（结合样方法）

截线样带法已被全球珊瑚礁监测网推荐为管理级监测的标准方法，被广泛用于珊瑚礁研究（Jordan and Samways，2001）。一条固定长度的样带被布放在珊瑚礁上，在该样带下识别的每个物种被记录在它所占据的距离上，通过计算每个珊瑚或其他底栖生物或底质类型截取样带长度来估计珊瑚覆盖率。

由于截线样带法非常适合获取长期监测数据，且相对容易和便宜，因此得到了广泛的应用。该方法是国际上较多采用的监测底栖生物群落，特别是评估珊瑚覆盖率的方法之一。截线样带法提供了对珊瑚覆盖率和密度的精确估计，使其非常适合于研究物种丰度的时间或空间趋势；不仅在水下更适用、更高效，而且在不同的岛礁生境或研究中更具有可比性。

然而，截线样带法并不适用于所有的生态问题或地点，截线样带法因其水下采样时间长而受到挑战，此外，由于时间限制，可能导致对稀有和偶然物种或事件的调查不足。因此，根据生境情况，截线样带法的应用受到限制，无法解决需要调查稀有事件或物种的问题（Jordan and Samways，2001；Pollard et al.，2002；Zhang et al.，2006；Abrar et al.，2019）。

2.4.2.1　珊瑚及其底质监测

（1）监测站位

一般监测站位选择在造礁珊瑚集中分布的区域，具体根据造礁珊瑚实际分布水深确定监测样带的布设。监测站位和样带选择应考虑海底地形、风向及涨落潮引起的水深改变等因素。

（2）样带布设

6条样带，每条样带长10 m。样带分布应在监测区域有代表性，尽量均匀。

（3）样带拍摄

调查人员沿着已经布设好的样带，手持水下摄像机离卷尺约30 cm的垂直高度进行匀速拍摄，并且每条样带的拍摄时间控制在10 min左右。拍摄完成之后，调查人员应立即记录或向现场记录人员描述水下状况，并记录，见表2.2。

表 2.2　样带现场监测记录表

站位名称		经纬度			
断面编号		调查日期		天气与海况	
序号	样带	样带 1		样带 2	样带 3
1	样带编号				
2	样带长度				
3	珊瑚种类数				
4	珊瑚覆盖度				
5	有无病害				
6	发病率				
7	有无白化				
8	白化率				
9	敌害生物				
10	敌害面积				
11	有无死亡珊瑚				
12	死亡率				
13	主要底质类型				
14	开始拍摄时间				
15	终止拍摄时间				
备注					
拍摄者		校对者		调查队长	

（4）样带影像判读

将拍摄好的样带影像资料拷贝到电脑上进行回放，每间隔 10 cm 停顿一下，判读该刻度下所对应的类别，记录造礁珊瑚种属等，填写报表。

（5）活珊瑚种类及覆盖率

通过样带的判读可以记录每条监测样带所记录到的活珊瑚种类，并且可以统计出所有活珊瑚出现的次数 N，进而得到活珊瑚覆盖率 $C = N/100 \times 100\%$。

（6）死亡造礁珊瑚覆盖率

在判读样带的过程中记录死亡的造礁珊瑚，并估计死亡时间。

（7）造礁石珊瑚病害

造礁珊瑚病害主要通过颜色的改变来判断。应对白化病及其他颜色的异常进行监测并拍照，只统计每个珊瑚"头部"平面上颜色的异常状况。记录每个珊瑚颜色异常状况并对病害情况进行现场拍照。

（8）造礁珊瑚补充量

站位的样带监测后，在布设的样带两侧各 2.5 m 宽的范围内，自由游动，寻找没有大型固着生活的无脊椎动物（直径大于 25 cm）区域，随机放置 25 cm×25 cm 样方。在水下直接记录或拍摄相片，统计样方内直径小于 5 cm 的造礁珊瑚数量，并尽可能地分类定种。

2.4.2.2　珊瑚礁鱼类监测

（1）监测站位与样带设置

监测站位与样带设置与造礁珊瑚监测相同，每个监测水深至少设 20 m 长样带 3 条（建议 5 条以上）。每条样带的统计范围为 20 m×5 m。

（2）调查步骤

沿着样带游到样带的另一端，将标尺举在眼前，眼睛盯着标尺前方数米远处，记录样带两侧各 1 m 宽的范围内常见种类的个体数量，并用标尺观测每条鱼的体长范围（<5 cm、10~20 cm、20~30 cm、30~40 cm、>40 cm）。

2.4.2.3　大型底栖无脊椎动物

（1）监测站位与样带设置

与造礁珊瑚监测相同，即每个监测水深至少设 20 m 长样带 3 条。每条样带的统计范围为 20 m×5 m。

（2）调查步骤

沿样带"S"形自由游动到样带的另一端，记录样带两侧各 2.5 m 宽的范围内大型底栖无脊椎动物的个体数量。根据大型底栖无脊椎动物现场监测记录，对数据进行分析，对结果按要求格式报表。

2.4.2.4　大型底栖藻类

（1）监测站位与样带设置

与造礁珊瑚监测相同，即每个监测水深至少设 20 m 长样带 3 条。每条样带的统计范围为 20 m×5 m。

（2）调查步骤

沿着样带自由游动到样带的另一端，在样带两侧各 2.5 m 宽的范围内，随机放置 25 cm×25 cm 样方。在水下直接记录或拍摄相片，统计样方大型底栖藻类数量，并尽可能地分类定种。每条样带按上述方法重复调查不少于 10 个样方。根据大型底栖藻类现场监测记录，对数据进行分析，对结果按要求格式报表。

2.4.3　珊瑚礁普查法

大多数珊瑚礁监测方法的问题是：首先，它们过于复杂，无法教给休闲潜水员，而且需要长时间地训练，这是因为需要物种级别的分类学鉴定，只有当与专家团队合作时才能满足这一要求。其次，它们通常用于测量大量参数，这些参数可能有助于更全面地了解群落生态和生物体之间的关系，但对快速评估珊瑚礁健康状况并没有特别的帮助。

珊瑚礁普查法（Done et al.，2017；Bauer－Civiello et al.，2018；Turicchia et al.，2021）旨在收集判断珊瑚礁健康所需的最低信息，其框架特意模仿了现有的方法，以保留一些可比性，但包括许多独有的特征。珊瑚礁普查法旨在供非科学家使用，以评估珊瑚礁的健康状况，该方法关注的是最能反映生态系统状况且非科学家容易识别的特定珊瑚礁生物的丰度。选择这些指示性生物体的依据是它们的经济和生态价值、它们对人类影响的敏感性和易于识别，使大量非科学家能够参与调查。

珊瑚礁普查法可以在地方、区域和全球范围内提供一种有价值的方法来监测广泛的变化，并增加公众对珊瑚礁保护的支持。

珊瑚礁普查法包括4种类型数据的收集：站点描述、无脊椎动物调查、底质调查和鱼类调查。

珊瑚礁普查需要执行3项必要的重要任务，以促进全球可持续珊瑚礁社区的管理：

第一，培训和组织当地志愿公民科学家潜水员团队。志愿公民科学家收集有关珊瑚礁健康的数据并评估气候变化对珊瑚礁的影响，其工作产生了可靠的信息，可供海洋资源管理者、科学家和政策制定者用来制定基于科学的海洋管理和保护决策。

第二，促进有关珊瑚礁和海洋的公共教育。珊瑚礁普查的目标是培养一支拥有技能和知识的海洋大使团队，为当地社区的海洋保护带来切实而有意义的改变。

第三，为珊瑚礁保护和恢复、开发生态无害且经济可持续发展提供解决方案。

2.4.3.1　调查内容

调查内容包括站点描述、无脊椎动物样带、均匀点接触样带、鱼类样带。

（1）站点描述

应将轶事、观测、历史、地理和其他数据记录在场地描述表上。当用来解释珊瑚礁普查结果的相关性时，这些数据是极其重要的。

（2）无脊椎动物样带

潜水员沿着30 m×2 m的断面搜寻和记录目标无脊椎动物物种。

（3）均匀点接触样带

潜水员通过沿样带每隔1 m对30个点进行采样来表征底物。在每个点上，潜水员都会接触底物并记录3种类型的信息：珊瑚礁底物（例如沙子或珊瑚礁），底物上生活着什么生物，以及珊瑚礁的粗糙度（垂直起伏的变化）。

（4）鱼类样带

潜水员在一条长30 m、宽2 m、高2 m的断面上搜索并记录下观察到的目标鱼类。

2.4.3.2　选址

选址是调查成功与否的关键因素。监测地点的选择将基于各种因素，包括但不限于后勤、可访问性和志愿者团队。除了上面列出的标准外，还鼓励团队选择他们最喜欢的潜水地点作为监测地点。在选择地点时，首先绘制感兴趣区域的地图，这将有助于确定布设样带的最佳位置。由于长期监测的重要性，应优先考虑团队预计可以年复一年地再次访问的地点。出于标准化的目的，应避免对主要位于洞穴或陡壁、尖顶和礁石的地点进行测量。珊瑚礁普查要求最低能见度至少有3 m（约10 ft），以便有效地识别、计数和测量。

2.4.3.3　样带布设

样带由潜水员在收集鱼类数据的同时布放，或由潜水员在收集数据之前布设。每个样带都应根据现场的地形和以前的调查，在指定的深度上遵循预先确定的罗盘方向布设。可以在小礁石上陆续布设样带，但是，样带的起点和终点必须至少相隔5 m，样带之间也应该至少有5 m的间隔（即所有样带的四边都应该有5 m的间隔），这5 m的间隔是必要的，以确保样本之间的独立性。此外，由于生物体的分布会随着深度的变化而有很大的不同，所以应避免大的尖峰和落差，每个单独的样带应布设在一个比较稳定的深度，最好是在起始深度的正负5 ft（约1.5 m）。可以改变或忽略预定的罗盘方向，以便与其他样带保持5 m的距离，留在岩石礁石上，或避免深度的急剧变化。在某些情况下，样带可能要沿着珊瑚礁扭动，以遵循上述所有的准则。有必要将样带缠绕在海带上，或用岩石压住胶带，使样带尽可能固定，以便潜水员在该样带上进行其他类型的调查。在某些情况下，可能无法重新确定样带的方向，因此，样带需要终止布放，并在一个更好的位置重新布放。

2.4.3.4　核心样带

核心样带将收集4种不同类型的数据：无脊椎动物、海带、鱼和通用产品。所有4种样带都在同一条线上进行，但出于后勤或安全原因，可以单独采集。

有许多可接受的方法可以让伙伴配对分配任务来完成核心样带。然而，在进行珊瑚礁普查时，安全是首要考虑的问题，因此应计划好任务分配，使潜水员始终与同伴保持联系。

无论如何分配任务，都必须游3次线，这样便可以在最远的一端卷起带子。最后，如果水中的条件与水面上的预测不一致，通常有必要改变计划，安全永远比数据收集更重要。

1）无脊椎动物样带

珊瑚礁普查无脊椎动物物种清单中的个体将沿着 2 m 宽（横断线两侧各 1 m）和 30 m 长的横断面进行记录，因此，总的调查区域是 30 m×2 m，相当于每个断面 60 m²。如果无脊椎动物身体的任何部分在调查区域内，就会被计算在内。关键是潜水员要对这些测量值进行校准，以便每个人都能计算出相同的区域。开始和结束时间应记录在数据表的适当位置。无脊椎动物横断面没有时间限制，但是，应该以 15 min 为目标进行。

无脊椎动物样带是彻底搜索海底的指标物种，其中许多可能是小型或隐蔽的。进行无脊椎动物样带调查时，浮力是关键，因为当潜水员采取脸朝下、脚朝上的轻微姿势，离底 1～2 ft（1 ft≈0.305 m）时，最容易进行无脊椎动物调查。同时，在调查期间不移动任何岩石或生物也是很重要的，从而使珊瑚礁保持发现它时的状态。

所有无脊椎动物的最小尺寸要求为 2.5 cm，海葵和柳珊瑚除外。海葵必须至少有 10 cm 高或宽，而柳珊瑚必须至少有 10 cm 高。在每次调查潜水结束时，应检查所有数据是否清晰。

2）样带的子采样

在某些情况下，特定物种的丰度非常大。在这些情况下，沿整个样带计算所有的个体非常耗费时间，只要遵循以下两个规则，就可以计算较小的区域：一是，至少有 50 个个体和 5 m 的距离被计数；另一个是，记录被计数的个体数量和沿样带调查的距离。任何海带或无脊椎动物都可以进行子采样，只有少数例外。子采样只适用于海带和无脊椎动物，鱼类从不进行子采样。

3）均匀点接触样带

均匀点接触调查是为了描述在其他样带上所计数的生物所处的栖息地。与其他样带要在横断面中寻找生物区域不同的是，在均匀点接触样带中，要看 30 个点（每米标有 1 个），并记录该点上的情况。要做到这一点，需沿着样带游泳，在每 1 m 标记处停下来，把手指放在珊瑚礁上，并记录触摸的确切位置上有什么。在每一个点，有 3 种类型的数据被记录下来：基质，这描述了海底的物理结构，主要是基于你的点所处的岩石材料的大小；覆盖物，描述了在你的点的基质上生长的生物的类型；地形起伏，描述点周围的珊瑚礁的粗糙度或起伏变化。

（1）基质

基质是由样带点所落在的物体的大小简单地决定的，并分为以下几个大类。

S——沙子/淤泥/黏土（直径 <0.5 cm）

C——卵石（直径 0.5 ~ 15 cm）

B——巨石（直径 15 cm ~ 1 m）

R——珊瑚礁（直径 >1 m）

O——其他（人为的）任何尺寸

这些类别是通过测量物体在手指正下方的每一点的最宽尺寸来确定的。对于沙子基质类别，很多时候沙子会在珊瑚礁上来来往往，这取决于波浪作用和风暴事件。因此，重要的是，当手指落在沙子上时，要把手指插到沙子里，至少要插到指节深，以确保它是真正的沙子，而不是沙子覆盖的礁石。如果手指确实找到了礁石，在确定覆盖物的类别之前，先把沙子扫开，露出礁石。

（2）覆盖物

覆盖物是通过记录每一个点上直接在手指下的东西来确定的，分为藻类、珊瑚藻、无脊椎动物和海草，并分为以下具体几类。

N——没有

B——固着褐藻

OB——其他褐藻

G——绿藻

R——红藻

E——结壳红藻

AC——活节珊瑚藻

CC——壳状珊瑚藻

SI——固着无脊椎动物

MI——移动无脊椎动物

SG——海草

（3）地形起伏

地形起伏是对一个地区垂直变化量的测量。地形起伏分为以下 4 类。

0 类——0 ~ 10 cm

1 类——10 cm ~ 1 m

2 类——1 ~ 2 m

3 类—— >2 m

4）鱼类样带

在宽 2 m、离底 2 m、长 30 m 的横断面的区域（30 m ×2 m ×2 m）调查鱼类。

鱼类横断面总是在铺设样带时进行，以便鱼类不会被吓跑或吸引到潜水员身上。这意味着潜水员在铺设样带时，必须按照上述布设样带的所有准则来识别、计数和确定鱼的大小。重要的是，其他潜水员不要占据调查者要调查的空间，因为这也会吸引或吓跑鱼。

在开始鱼群横切之前，潜水员应做好准备，将横切带固定在数据板上，使横切带容易卷出，同时将手电筒拿出来，以便随时使用，并在数据板上记录开始时间和深度。一旦这些都准备好了，应固定好横断带的末端，仔细检查样带的方向，然后抬头拍下鱼群的第一次快照。

快照技术是用来计数、识别和确定鱼的大小，以一种可管理的和一致的方式，只计算在某一时刻处于调查区域内的鱼。潜水员抬起头来计数、识别和确定所有在 2 m 宽、2 m 高和大约 3 m 远的水体中的鱼的大小（实际向前的距离根据能见度或鱼的数量而变化）。一旦潜水员捕获了当时所有的鱼，便完成了这一水域的工作，其他游进该区域的鱼就会被忽略。

在记录了第一张快照中观察到的所有鱼之后，潜水员再向前游，同时向下看，扫描底部隐藏在底层的底栖鱼类，有必要使用手电筒来寻找洞中的鱼。因为手电筒可以吸引鱼类，所以在鱼类横断面上，除了在洞中寻找时，应关闭手电筒，以免造成计数的偏差。一旦扫描了该区域并记录观察到的任何鱼类，潜水员就会抬头再拍一张快照，并重复这一过程。

在进行鱼类样带调查时，潜水员应以缓慢的速度游动，交替抬头数调查区域中的鱼，并向下看，在洞中寻找底部的鱼。

2.4.3.5 珊瑚礁普查关键物种

珊瑚礁普查法关注的是当地海洋生物的丰度，这些生物不仅最能反映生态系统的状况，而且容易识别，具有特殊意义或令人关注的物种（即受保护的物种、已知的濒危、过度捕捞或严重枯竭的物种），休闲和商业捕鱼活动通常针对的物种和具有生态意义的物种。珊瑚普查现场记录表见表2.3。

1）无脊椎动物物种

大多数无脊椎动物是相对静止的，可以仔细检查它们的特征。有些无脊椎动物会有伪装，因此很难看到，因此意味着必须知道要找什么，才能很好地采样，同时必须学会如何对无脊椎动物物种进行识别、计数和测量。

（1）软体动物

软体动物包括许多生物，如蜗牛、蛞蝓、贻贝和章鱼等。它们有一个柔软的、无节制的身体，大多数有一个外部钙质的壳。

（2）棘皮动物

棘皮动物包括海星、海胆、蛇尾、海参和海百合等。这些动物具有径向对称性，在世界各大洋的大部分深度，包括潮间带，都有发现。

（3）甲壳动物

甲壳类动物属于节肢动物，身体都是双侧对称的，有外骨骼、分节的身体和成对的附肢，包括螃蟹、龙虾、小龙虾、虾、磷虾和藤壶等。

（4）刺胞动物

刺胞动物是一个主要由海洋动物组成的群体，包括水母、珊瑚、水螅和海葵等。

2）鱼类种类

通过考虑以下因素将简化水下鱼类识别：栖息地、行为、大小、形状、颜色、标记、身体、嘴巴和鱼鳍形状等。

表 2.3　珊瑚普查现场记录表

时间日期：　　　调查站位：　　　断面水深：　　　调查用船： 工作目的：		
天气：	海况：	
经纬度	停船位：　　　样带头：	样带尾：
水面观察记录		
调查时间	下水： 上水：	
工作人员	布线： 摄像： 照相： 摸边：	样框： 补充： 采样： 记录：
工作情况描述		
水质		
水下情况描述	底质： 生物： 病害、敌害：	
室内处理		
负责人：　　　　　　录入：　　　　　　交接：		

2.5　数据输入和质量控制

2.5.1　数据输入

准确的数据输入是监测过程中最关键的组成部分之一，所有团队成员都应协助这项活动。第一层的数据质量控制是在现场进行的，由潜水员在潜水后立即在船上或海滩上进行。每个潜水队成员必须确保所有的数据都是完整的，总数是正确的，所有的书写都是清晰的。然后，数据队长收集和检查所有数据，以确保数据单清晰可辨。在回到岸上的 24 h 内，所有的数据单应被清洗、晾干、拍成彩色照片，并通过电子邮件发给区域负责人，他将把这些数据单上传到云存储服务中，以便工作人员和志愿者可以轻松访问。原始数据单应在最短的时间内交给或邮寄给区域负责人。

珊瑚礁普查的工作人员会检查每张数据表，如果有数据看起来有问题，他们会跟进原始潜水员。一旦已完成的站点的数据单被上传，数据队长、工作人员、实习生或训练有素的志愿者就可以将数据输入数据库。最后的数据检查由珊瑚礁检查的工作人员完成，然后所有的数据都在珊瑚礁检查的全球珊瑚礁数据库中公开。

2.5.2　质量控制

质量控制是一个系统，用于确保数据收集、输入和报告遵循规定的书面计划，如果出现错误，可以及时发现、追踪和纠正。

从培训开始，一直到最后向公共数据库提交数据，质量保证和质量控制步骤已被纳入该计划。所有参与者都必须在认证教员的直接监督下成功完成培训课程，才有资格向数据库提交数据。

完成课程并通过足以进行调查的认证级别的潜水员，通过积极参与水下调查继续增加他们的知识，只有在完成每个断面类型所需的培训和测试，并在数据收集活动中表现出熟练程度的潜水员，才可以为他们所获得认证的断面类型贡献数据。这种分层方法允许志愿者在完成测试后收集某些类群的数据，并使能力不同的志愿者能够参与该计划，而不对数据质量产生不利影响。有丰富监测经验的参与者可以选择不参加培训课程，但必须在认证讲师的监督下熟练掌握协议的所有组成部分，才能向数据库提交数据。

调查协议通过减少调查者的错误和偏差来提高所有调查的精度和准确性。

（1）标准化的选址和横断面部署程序；

（2）所有无脊椎动物和鱼类调查的标准化时间要求、搜索图像和手电筒的使用；

（3）对所有无脊椎动物和藻类物种的最小尺寸要求，只关注水生生物；

（4）将具有相似形态特征的物种分组，以减少误认的可能性；

（5）在水下数据单上采用标准化的数据符号程序；

（6）在一个地点内的高度重复数据收集。

2.5.2.1　现场数据核查

在每次潜水后，每个小组成员必须立即审查他们的数据表是否完整和可读。数据队长在收集每张表之前进行核实，并与小组成员讨论任何潜在的异常值。如果不能就任何数据达成共识，组长将对数据表进行标记，以便区域经理进一步审查。

2.5.2.2　数据定稿

收到数据表后，所有数据将由区域经理审查，并在数据提交到最终数据库前删除错误的数据。最终的数据将通过珊瑚礁普查的全球珊瑚礁追踪器在网上显示，所有的数据表将以数字和硬拷贝的形式归档。

2.6　监测安全保障

在野外监测的过程中，由于海况复杂、易变，会对监测人员和设备产生安全威胁。加上潜水是一项危险性较高的运动，在珊瑚礁生态监测过程中，必须执行潜伴制度，一切以生命安全为前提。因此，需要采取预防措施，保障人员和仪器等相关设备的周全。

2.7　监测报告编制

珊瑚礁监测完成后，一般需要编制监测报告。报告编制需要遵循一定原则、要求和主要内容，具体如下。

2.7.1　编制原则

（1）监测数据与其他观测数据相结合，真实有效，监测数据有质量保证，其他所有引用数据均需翔实可靠，有出处、可查考；

（2）评价珊瑚礁现状与预测未来变化相结合，贯彻现状、规律分析和趋势分析并重的原则，提高珊瑚礁监测报告为珊瑚礁生态管理服务的质量；

（3）全球气候变化因素与人为生态破坏因素相结合，注意分析渐变因素，尽可能说清珊瑚礁生态破坏的来龙去脉；

（4）文字描述与图表形象表达相结合，监测报告应做到文字精练、可读性强。

2.7.2　编制要求

（1）以科学的监测数据为基础，用简练的文字配以图表正确阐述和评价监测珊瑚礁现状，分析珊瑚礁变化原因、发展趋势及存在的主要问题，并针对存在的问题提出适当的对策与建议；

（2）报告编写要突出科学性、准确性、及时性、可比性和针对性，对珊瑚礁分析要体现综合性和严谨性；

（3）报告类型格式，按照管理部门和对外发布要求确定。

2.7.3 主要内容

（1）前言

项目任务来源、监测目的、监测任务实施单位、实施时间与时段、监测船只与航次及合作单位等的简要说明。

（2）综述

概括阐述主要监测结果与评价分析结论，说明监测珊瑚礁存在的主要问题。

（3）监测礁区环境概况

简述监测礁区自然概况、沿岸地区社会经济状况、海洋自然资源状况及开发利用情况、环境功能区划等。

（4）监测工作概况

以图表说明监测区域与范围、监测站点（断面）信息、监测时间、监测内容（包括监测及观测指标、采样方法、分析方法和仪器设备），评价采用的评价标准、评价指标及评价方法，全过程的监测质量保证与质量控制情况及总体质控结论等。

（5）珊瑚礁监测结果与现状评价

根据监测结果与相关评价标准，对珊瑚礁进行现状评价。

（6）质量趋势分析

针对珊瑚礁现状监测及评价结果，进行同一区域不同时段或多时段比较，不同区域同一时段比较，并进行必要的变化趋势分析与预测评价，包括区域内各指标在空间与时间上的变化原因分析。

（7）珊瑚礁保护对策与建议

依据珊瑚礁现状评价及趋势分析结果，阐述存在的主要环境问题及其发展趋势，提出珊瑚礁保护对策与建议。

（8）监测结果统计报表

（9）附图、附表、附件及参考文献

2.8 生态监测展望

世界各地的珊瑚礁管理者都有类似的问题，管理人员需要知道：珊瑚礁是否健康，受到的威胁是否会破坏珊瑚或其他生物，管理行动是否有效，当地社区经济是否得到改善，旅游业对珊瑚礁地区的影响等。这些都可以通过有效的珊瑚礁监测计划得以回答，珊瑚礁监测计划的一个主要目标是提供数据以支持有效管理。

珊瑚礁目前面临着众多的扰动，研究这些干扰和珊瑚礁的恢复力对于了解这些威胁产生的影响和程度并适当地实施是必要的。珊瑚礁监测的目的是确定底栖珊瑚礁的趋势和动态，包括时间和空间尺度，以表明珊瑚礁状况的变化。此外，从长远来看，珊瑚礁底栖生物群落的这种变化是查明问题和找到更有效开发和管理海洋区域的解决办法的一个重要方面。

第一次珊瑚礁科学考察在几十年前就已开展，目前的方法在很大程度上也是基于此。然而，人们对珊瑚礁健康的演变仍然知之甚少，可能是因为全球缺少更多研究珊瑚礁的科研人员，加上缺乏手段，同时，监测方案也需要大量的技术、人力和财政资源。此外，自20世纪90年代以来，以调查更多数量的珊瑚礁为目的的社区项目，如珊瑚礁普查越来越受欢迎，然而，基于社区的调查是由非专家志愿者使用简化的方法进行的，从而导致识别水平较低，这种调查虽然表明了广泛的变化，但与具体的、严格的科学目标不相容。

生态监测方法和描述的选择决定了旨在评估珊瑚礁生态系统状态的方案的有效性。珊瑚覆盖率，特别是硬珊瑚覆盖率，是评估珊瑚礁健康状况最广泛使用的指标。此外，它也可能是研究区域或全球范围内珊瑚礁状况的空间和时间变化的唯一可用指数。珊瑚覆盖的变化模式，不论是稳定还是应对扰动的恢复能力，都是评估珊瑚礁管理策略有效性的主要指标之一（Bauer‒Civiello et al.，2018），因此，准确地估计珊瑚覆盖率是至关重要的。虽然硬珊瑚覆盖率是报告最多的珊瑚礁参数，但它不能单独反映珊瑚礁的状况，也不能作为恢复措施的基础。所需的其他基本数据包括珊瑚群落所依赖的功能特征，例如不同珊瑚群落结构的相对丰度和珊瑚礁结构复杂性的描述。

在珊瑚礁上进行的科学考察通常采用由全球珊瑚礁监测网推荐的截线样带法来描述底栖生物群落（Jordan and Samways，2001；Zhang et al.，2006；Abrar et al.，2019；Leujak and Ormond，2007；Roberts et al.，2016），这一调查方法是昂贵的和耗时的，通常依赖于有限数量的有经验的科学家。此外，基于这一调查的许多研究仅分析了珊瑚的覆盖率，但很少能够分析整个珊瑚礁生态系统的结构复杂性。SCUBA水下目视调查是小尺度、场地特定的，提供了相对较小区域的信息，被认为是更有效的和可重复的监测方法。

珊瑚礁普查法用于监测底质覆盖、鱼类丰度和无脊椎动物丰度，特别是与全球珊瑚礁监测网所使用的方法兼容。珊瑚礁普查法与其他方法不同，因为该方法需要较少的训练时间；比大多数方法快得多，节约时间；内容是全面的，包括藻类、鱼类和无脊椎动物；包括对捕鱼和其他人类活动的评估；产生相对准确、极有意义且具有统计学可比性的数据；产生与珊瑚礁管理直接相关的数据；产生具有国家、区域和全球可比性的数据；包括不同生物地理区域的数据，允许区域内比较。

在监测方案规程的这两个极端之间，从经验丰富的研究人员收集的非常详细的数据到非专家的广泛评估，出现了一种新型的利益攸关方，需要中等程度的专业知识和准确性。环境评估机构、环境咨询公司和海洋自然保护区等组织目前正在进行珊瑚礁调查。随着要求进行环境影响评估的立法的加强，在数据收集和易于实施之间寻求最佳折衷的调查方法。这些利益攸关方需要新的解决水平，适应他们的专长和他们的海洋管理或监测目标，具有很强的资金约束。

采用现场目视法进行珊瑚礁生物群落的监测与评估，在现阶段的应用有一定局限性：依靠水下现场视觉估计珊瑚覆盖率、或在室内辨别珊瑚种类及其覆盖率等，需要专业技能水平高，而且非常消耗时间。但是，这种方法得到的结果往往最准确可靠的。通过实地调查进行的监测提供了准确的数据，但具有高度本地化的规模，因此在频繁的时间点进行珊瑚礁规模监测并不具有成本效益。目前，采用国际通用的生态监测截线样带法和珊瑚礁普查法主要关注生物指标参数，对环境参数关注较少，未来研究者可以更多关注环境参数，因为生态学是研究有机体与周围环境（包括非生物因素和生物因素）相互关系的科学，非生物因素和生物因素是相互影响的，不可忽视其中任何一种因素。同时，在对珊瑚礁进行生态监测时，不应把各生物指标区分，珊瑚礁是一个完整的生态系统，我们应把生物因素和非生物因素结合起来，这样才能更好地了解珊瑚礁生态系统及其生物多样性。有研究发现，珊瑚的代谢产物影响海水微生物的生长和组成。珊瑚的海水环境称为珊瑚生态圈，发生在珊瑚生态圈内的微生物相互作用可能影响珊瑚相关微生物的招募，并促进珊瑚代谢物向微生物食物网的转移，从而促进珊瑚礁生物地球化学循环和珊瑚与水体之间的联系。因此，在对珊瑚礁生态进行监测时，水环境参数的监测也显得至关重要。

珊瑚礁是生物圈中最多样化的生态系统之一，同时也是最易受到威胁的海洋系统之一。近年来，随着干扰的增加，珊瑚礁群落结构和组成发生了广泛的变化，珊瑚礁正在全球范围内衰退（Ferrigno et al.，2016）。扭转这一趋势是一个主要的管理目标，但如何做取决于对珊瑚礁处于理想的状态的了解。虽然有证据表明，珊瑚礁在某些条件下（如温和的水温，有限的捕捞压力）生物多样性好，但促进生态系统功能及其内部驱动因素（即群落结构）的动态过程定义和探索不足（Ferrigno et al.，2016；brandl et al.，2019；Knowlton，2001）。具体来说，尽管几十年的研究表明生物多样性和生态系统功能之间存在着积极的关系，但很少有研究探索珊瑚礁系统中的这种关系。此外，目前的数据似乎证实，高度生物多样性和结构良好的组合能够更有效地抵御干扰。生物多样性与生态系统功能之间的积极关系突出了保护生物多样性以维持关键生态系统功能和相关服务的重要性。

　　最近，新的珊瑚礁描述和用于监测珊瑚礁方法的创新，与较老、较简单的传统调查方法相比，这些工具旨在提高数据的数量和质量，进而更好地了解珊瑚礁群落及其生态功能。因此，如何有效地监测珊瑚礁生态系统，使管理部门能够及时采取保护措施，防止珊瑚礁生态系统退化，已成为珊瑚礁辖域各个国家亟待解决的环境问题。

第3章　珊瑚礁水质监测方法

3.1　监测背景与意义

　　水环境是珊瑚礁生态系统的重要组成部分，其质量好坏显著地影响珊瑚礁生态系统的结构与功能。众多周知，珊瑚礁主要分布在南北纬30°之间的热带和亚热带浅海区，其水体呈温暖、透明度高和寡营养等特征。特定的分布范围与水环境特征表明珊瑚礁的生长与发育对礁区海水质量（水质）具有较高的要求，即对一系列关键水环境变量具有一定的适宜范围或耐受阈值。例如，当水温持续升高，其周累积热（Degree Heating Week，DHW）达 3~4 ℃时，将引发珊瑚迅速白化并死亡；而当水体悬浮物含量增加（> 10 mg/L），其消光效应将急剧地降低水下光合有效辐射（PAR），进而影响珊瑚光合自养能力。自20世纪50年代以来，全球珊瑚礁急剧退化，其生态系统服务能力已下降了50%（Eddy et al.，2021）。关于珊瑚礁退化原因，当前已有大量的研究指出主要与水质的恶化有关。

　　珊瑚礁水质恶化是一个复杂的问题，主要受地方性、区域性和全球性等多尺度因素的叠加影响。地方性因素主要有陆源输入、污水排放、水产养殖、沿岸建设和船只有害物排放等（De'ath and Fabricius，2008）；区域性因素主要指来自礁区以外的水质干扰，如滨珊瑚（*Porites* spp.）共生藻（*Symbiodinium* spp.）稳定氮同位素（$\delta^{15}N_{sym}$）的证据显示，在海流和潮汐作用下，香港东部珊瑚礁区溶解无机氮（DIN）受当地和区域污水排放共同影响（Wong et al.，2017）；全球性因素则主要为全球变暖、CO_2浓度升高等（Sully et al.，2022）。近年来，由于多尺度因素叠加影响的加剧，全球珊瑚礁，尤其是近岸珊瑚礁，其水质呈暖化、酸化、浑浊化和富营养化等恶化趋势。

　　我国珊瑚礁总面积约 3.8×10^4 km²，占全球珊瑚礁总面积的13.57%（Spalding et al.，2001；黄晖等，2021a）。丰富珊瑚礁资源的存在对我国海洋生态、经济发展、科学研究和国土安全等均具有重要价值，尤其是南海诸岛的珊瑚礁（Sun et al.，2022）。然而，近年来我国近岸珊瑚礁与世界其他近岸珊瑚礁一样，水质恶化正在成为其主要威胁。例如，2007—2009年，鹿回头礁区悬浮物平均沉降速率接近 20 mg/（cm²·d），明显高于影响珊瑚礁的结构与功能的阈值 10 mg/（$cm^2 \cdot d$）（Rogers，1990）。鉴于水质恶化将严重威胁造礁石珊瑚的生长与分布，进而影响珊瑚礁生态系统的结构与功能，及时地开展水质监测、获取水质关键信息并制定有效措施或政策以缓解水质恶化趋势，对于维持一个充满活力和健康的珊瑚礁生态系统至关重要。

3.2 国内外监测动态

当前，水质恶化被认为是当前全球珊瑚礁面临的主要威胁之一。鉴于良好水质是保障珊瑚礁生态系统结构与功能稳定的重要前提。近年来，国内外珊瑚保护相关机构、科研团体、国际组织等正在积极开展水质监测以改善水质状况。

国际上，关于珊瑚礁水质监测，主要工作集中在澳大利亚和美国。澳大利亚大堡礁约占世界珊瑚礁的10%，是地球上最著名、最复杂的自然系统之一。在20世纪90年代，大堡礁海洋公园管理局确认了占大堡礁集水区80%以上的农业活动是大堡礁水质（悬浮物、营养物质和农药）不佳的主要原因。鉴于此，2003年实施了《珊瑚礁水质保护计划》，旨在解决大堡礁水质下降的关键问题，目标是确保到2020年，从邻近集水区进入大堡礁的水的质量不会对大堡礁的健康和复原力产生有害影响。2008—2013年，澳大利亚和昆士兰州政府投资3.75亿澳元，以减少进入珊瑚礁潟湖的污染物负荷。2014年6月，政府承诺再拨款3.75亿澳元，用于实施该计划直至2018年。更重要的是，澳大利亚和昆士兰州政府2015年在征求了科学家、社区、传统所有者、工业界和非政府组织的意见后发布了《2050年珊瑚礁长期可持续发展计划》，计划的愿景是"确保大堡礁从现在到2050年每隔10年继续提高其突出的普世价值，成为未来每一代的自然奇观"，改善水质是其重要内容，该计划的实施将进一步帮助解决与水质有关的问题（https：//www. reefplan. qld. gov. au/）。

与澳大利亚相似，美国佛罗里达州环境保护部（FDEP）认识到良好的水质对维持佛罗里达群岛周边珊瑚礁的健康至关重要。因此，于1994年联合环境保护局（EPA）创建了水质保护计划，旨在就如何保持和恢复良好的水质提出建议，使保护区内的珊瑚及其海洋生物健康生长；再者，2014年，FDEP开始与美国国家海洋和大气管理局（NOAA）的科学家初步讨论对佛罗里达州东南部珊瑚礁开展更多水质监测的需求，目的是利用NOAA的资源和专业知识来开展水质评估。然后，FDEP根据水质评估结果，制定适当的管理措施，以保护和维持珊瑚礁的健康；此外，NOAA在2000年成立了珊瑚礁保护计划（CRCP），旨在帮助履行国家海洋和大气管理局根据《珊瑚礁保护法》（CRCA）和关于珊瑚礁保护的总统行政命令13089号所承担的责任，即保护、保存和恢复珊瑚礁资源，维持健康的生态系统功能。为了最大限度地利用有限的资源，并在扭转珊瑚礁健康总体下降方面发挥最大作用，CRCP 在 2010 年后不仅积极地参与太平洋、珊瑚三角区和加勒比地区的珊瑚保护工作，还将其更多资源用于水质改善的行动（https：//floridakeys. noaa. gov/welcome. html）。

在国内，尽管水质恶化也是我国近岸珊瑚礁面临的主要威胁之一，但水质监测主要出现在珊瑚相关的技术规程或规范的实施、少数野外原位监测和部分研究报道中。例如，我国近年来陆续发布了珊瑚礁生态监测技术规程（HY/T 082—2005）、海岸带生态系统现状调查与评估技术导则第 5 部分的珊瑚礁（T/CAOE 20. 5—2020）、海岸带生态减灾修复技术导则第 4 部分的珊瑚礁（T/CAOE 21. 4—2020）、海洋生态修复技术指南（试行）第 5 部分的珊瑚礁生态修复（2021 年）、海洋牧场珊瑚礁建设技术规范（T/SCSF 0010—2021）和海洋生态修复技术指南第 2 部分的珊瑚礁生态修复（GB/T 41339. 2—2022）等。在这些规范中，皆已明确指出在实施过程中，需开展水质相关的物理、化学和生物性参数的监测。2019—2020 年，福建台湾海峡海洋生态系统国家野外科学观测研究站（厦门大学）和海南三亚海洋生态系统国家野外科学观测研究站（中国科学院南海海洋研究所）已分别在福建东山和海南三亚珊瑚礁区布放了水质原位监测系统，旨在实时、在线地连续观测礁区水质变化趋势，为珊瑚礁的保护提供决策信息。此外，也有部分研究对相关珊瑚礁开展了较长时间的水质监测工作。例如，Meng 等（2008）在 2001—2004 年开展了人类活动对台湾南部珊瑚礁水质影响的长期监测，而梁鑫和彭在清（2018）则在 2013—2016 年对广西涠洲岛珊瑚礁水质趋势性变化开展了监测。总体而言，关于珊瑚礁水质监测，国内尚缺乏像澳大利亚和美国那样的整体性、长时间性的监测计划。

当前，尽管国内外已就珊瑚礁水质监测开展了较多工作，但仍存在一定的不足，主要体现在两方面。

首先是当前水质监测指标主要是按物理、化学和生物参数进行区分（表3.1），这样的区分方法是属于比较传统的方式，就珊瑚礁而言，针对性并不强。例如，叶绿素 a 指标主要是衡量水质富营养化情况，而这并非直接影响珊瑚生长的关键因素。由表 3.2 和表 3.3 可知，限制珊瑚生长与分布，进而影响珊瑚礁结构与功能的关键指标可分为关键水文参数、光合有效辐射（PAR）及其相关参数、营养盐体系参数、碳酸盐体系参数及其他水质指示性参数等。鉴于珊瑚礁框架生物（造礁石珊瑚）最主要的特征是其钙化作用和通过共生虫黄藻进行光合作用，我们可以根据影响生理生态的关键因素而将水质指标进行区分。根据这样的区分，我们可以在珊瑚礁水质监测过程中，选取关键指标进行监测，从而更加高效和经济地对特定珊瑚礁水质进行监测与评估。

表 3.1　国内珊瑚礁相关技术规程要求的水质监测指标

物理参数	化学参数	生物参数	技术规程
水深、水温、盐度、透明度、悬浮物、悬浮物沉降速率	pH、溶解氧、硝酸盐、亚硝酸盐、铵盐、活性磷酸盐、活性硅酸盐	叶绿素 a	珊瑚礁生态监测技术规程（HY/T 082—2005）
水深、水温、盐度、透明度、悬浮物、悬浮物沉降速率	pH、溶解氧、硝酸盐、亚硝酸盐、铵盐、活性磷酸盐、总氮、总磷、油类	叶绿素 a	海岸带生态系统现状调查与评估技术导则第 5 部分：珊瑚礁（T/CAOE 20.5—2020）
水深、水温、盐度、透明度、悬浮物、悬浮物沉降速率、海浪、海流、潮位	pH、溶解氧、硝酸盐、亚硝酸盐、铵盐、活性磷酸盐、总氮、总磷、油类	叶绿素 a	海岸带生态减灾修复技术导则第 4 部分：珊瑚礁（T/CAOE 21.4—2020）
水深、水温、盐度、透明度、浊度、海流	pH、溶解氧、化学需氧量、硝酸盐、亚硝酸盐、铵盐、活性磷酸盐、活性硅酸盐	叶绿素 a	海洋牧场珊瑚礁建设技术规范（T/SCSF 0010—2021）
水温、盐度、透明度、浊度、悬浮物、光合有效辐射（PAR）	pH、溶解氧、硝酸盐、亚硝酸盐、铵盐、活性磷酸盐、油类、重金属污染物	/	海洋生态修复技术指南第 2 部分：珊瑚礁生态修复（GB/T 41339.2—2022）

注："/"表示无此项。

表 3.2　国内外珊瑚礁水质相关监测项目或计划

物理参数	化学参数	生物参数	监测项目或计划	机构或来源
水温、盐度、透明度、悬浮物	pH、溶解氧、化学需氧量、硝酸盐、亚硝酸盐、铵盐、活性磷酸盐、铜、锌、铬、汞、镉、铅、砷、油类	/	广西涠洲岛珊瑚礁水质趋势性监测（2013—2016）	梁鑫和彭在清（2018）
水深、水温、盐度、浊度、海流	pH、溶解氧、硝酸盐、亚硝酸盐、铵盐、活性磷酸盐	叶绿素 a	福建东山珊瑚礁生态在线观测系统（2019 年 3 月）	福建台湾海峡海洋生态系统国家野外科学观测研究站（厦门大学）
水深、水温、盐度、电导率、浊度	pH、溶解氧	叶绿素 a	三亚西岛珊瑚礁生态在线观测系统（2020 年 11 月）	海南三亚海洋生态系统国家野外科学观测研究站（中国科学院南海海洋研究所）
水深、水温、盐度	/	/	三亚鹿回头珊瑚礁生态在线观测系统（2020 年 6 月）	海南三亚海洋生态系统国家野外科学观测研究站（中国科学院南海海洋研究所）
水温、盐度、浊度、悬浮物	pH、溶解氧、生化需氧量、硝酸盐、亚硝酸盐、铵盐、活性磷酸盐、活性硅酸盐	叶绿素 a	人类活动对台湾南部珊瑚礁水质影响的长期调查（2001—2004）	Meng et al.（2008）

物理参数	化学参数	生物参数	监测项目或计划	机构或来源
水温、盐度、电导率、透明度、浊度、悬浮物、光合有效辐射（PAR）、海流	pH、溶解氧、硝酸盐、亚硝酸盐、铵盐、活性磷酸盐、活性硅酸盐、总氮、总磷、三氯蔗糖、溶解有色有机物	叶绿素 a	美国佛罗里达东南部珊瑚礁水质评估（NOS NC-COS 271）	Whitall et al.（2019）
水温、盐度、透明度	pH、溶解氧、生化需氧量、硝酸盐、亚硝酸盐、活性磷酸盐、颗粒有机碳、颗粒有机氮	叶绿素 a	哥伦比亚海泰罗纳国家自然公园珊瑚礁水质的时空变化（2010—2013）	Bayraktarov et al.（2014）
悬浮物	硝酸盐、亚硝酸盐、铵盐、颗粒态氮、颗粒态磷、杀虫剂	/	澳大利亚大堡礁珊瑚礁 2050 水质改善计划	澳大利亚昆士兰政府

注："/"表示无此项。

表 3.3 限制珊瑚生长与分布的关键水质指标

类别	指标	适合范围或耐受阈值	生态响应	参考文献
关键水文参数	水温	21.7~29.6 ℃	珊瑚生长适合范围	
		<16 ℃	大多数珊瑚快速死亡	
		DHW（Degree Heating Week）>3~4 ℃	珊瑚立即开始死亡	
	盐度	<22~28	敏感鹿角珊瑚的耐受阈值	Berkelmans et al.（2012）
		28.7~40.4	珊瑚生长适合范围	
PAR 及其相关参数	光合有效辐射（PAR）	（以 photon 计）<1.2 mol/（m² · d）	无珊瑚分布	Gattuso et al.（2006）
		（以 photon 计）16 mol/（m² · d）	珊瑚达到最大光合速率所需光强	
		（以 photon 计）<450 μmol/（m² · d）	珊瑚礁存在的年平均容忍极限	
	透明度	>10 m	大型藻覆盖率低，珊瑚丰富度高	De'ath and Fabricius（2010）
	浊度	>3 NTU	对珊瑚产生亚致死压力	
		>5 NTU	对珊瑚产生严重不利影响	
	悬浮物	>10 mg/L	对珊瑚礁和珊瑚礁生物产生不利影响	Rogers（1990）

续表

类别	指标	适合范围或耐受阈值	生态响应	参考文献
营养盐体系参数	硝酸盐	>4.51 μmol/L	珊瑚礁存在的年平均容忍极限	
	总溶解无机氮（DIN）	>1 μmol/L	水体出现富营养化	Bell（1992）
		>0.1~0.15 mg/L	对珊瑚礁产生负面影响	
		>0.1 mg/L	对水质和珊瑚礁产生负面影响	
	活性磷酸盐	>0.1 μmol/L	水体出现富营养化	Bell（1992）
		>0.63 μmol/L	珊瑚礁存在的年平均容忍极限	
碳酸盐体系参数	表层海水 CO_2 分压（pCO_2）	>1 008 mg/m^3	珊瑚礁将停止生长并开始溶解	Silverman et al.（2009）
	pH	<7.8	影响珊瑚钙化，预计到2100 年，每年珊瑚礁骨架垂直减少10.5mm	van Woesik et al.（2013）
其他水质指示性参数	叶绿素 a	<0.2 μg/L	维持珊瑚群落组成	Bell et al.（2014）
		>0.5 μg/L	水体出现富营养化	Bell（1992）
		>0.45 μg/L	珊瑚的物种数量显著减少	De'ath and Fabricius（2008）
	溶解氧	<4 mg/L	对珊瑚产生不利影响	Haas et al.（2014）
	悬浮物沉降速率	>10 mg/（cm^2·d）	对珊瑚礁和珊瑚礁生物产生不利影响	Rogers（1990）
		>5~6 mg/（cm^2·d）	影响珊瑚群落结构	

注：适合范围或耐受阈值的数值表示长期均值。

其次，水质监测方法存在一定差异，尚无系统性的规范化监测方法。关于珊瑚礁水质监测方法，当前国内主要依据的是海洋监测规范（GB 17378）和海洋调查规范（GB/T 12763）。然而，监测或调查规范中规定的方法主要适用于近岸海域，并不使用于寡营养的珊瑚礁区，且影响珊瑚礁健康的部分关键指标也没有囊括在监测或调查规范中。例如，五项营养盐（硝酸盐、亚硝酸盐、铵盐、活性磷酸盐和活性硅酸盐）是珊瑚礁水质监测的重要指标之一，虽然海洋监测规范规定的方法能有效分析海水中常量浓度的硝酸盐，但是无法满足礁区痕量营养盐的测定需求，尤其是西沙群岛、南沙群岛等珊瑚礁。值得高兴的是，这个问题当前得到了解决。厦门大学与自然资源部第三海洋研究所自主研发，并由自然资源部发布的海水中痕量硝酸盐（HY/T 0346—2022）、亚硝酸盐（HY/T 0345—2022）、铵盐（HY/T 0347—2022）和活性磷酸盐（HY/T 0344—2022）测定方法标准于 2023 年 1 月 1 日起实施。再者，近年来水体悬浮物含量的增加显著降低了水下光合有效辐射（PAR），进而影响了珊瑚的光合作用和钙化作用等生理过程。然而，当前关于礁区 PAR 的观测仅见于部分研究性的工作中，在常规水质监测中，鲜有涉及。此外，三氯蔗糖具有良好的抗光降解性、极低的吸附性和较高的溶解度，是一种良好的人类废水侵入环境的示踪剂（Batchu et al.，2013），当前在美国佛罗里达东南部珊瑚礁的水质监测中已被列为重点监测指标（Whitall et al.，2019）。鉴于部分指标在珊瑚礁水质监测中的重要性，有必要将其纳入珊瑚礁水质监测的常规化指标体系中。

综上所述，鉴于我国珊瑚礁正面临着日益恶化的水质威胁，为更加有效保护珊瑚礁，维持其健康生长，在现有成熟研究性方法的基础上，在此提出规范性的珊瑚礁水质监测方法，总结出可操作性的技术流程。该技术方法将为我国的珊瑚礁水质监测提供可靠的参考，满足国内诸多涉海单位对珊瑚礁水质相关参数的监测需求，尤其是近岸珊瑚礁的健康发展提供海洋监测方法支撑，推动海洋事业的发展。

3.3　监测目标与流程

3.3.1　监测目标

开展珊瑚礁水质监测，旨在：

（1）掌握珊瑚礁水质状况及中长期变化趋势，判断礁区水质是否符合造礁石珊瑚及其他礁栖生物生长的适宜范围；

（2）有针对性地为某一特定事件或活动，如废弃物倾倒、资源开采、海岸工程建设等环境影响评价需要进行监测，监控可能发生的主要水质问题，为早期警报提供依据；

（3）当珊瑚礁或其邻近海域发生有毒有害物质泄漏（如石油及其他危化品等）或赤潮等灾害紧急事件时，反应快速、临时增加紧急性监测，为有效降低灾害事件的影响效应提供决策依据；

（4）研究、验证陆源污染物输移、扩散模式，预测新增污染源和二次污染对礁区水质的影响，检验珊瑚礁保护政策与防治措施效果，反馈宏观管理信息，为制定珊瑚礁管理和规划提供科学依据。

根据监测目标，珊瑚礁水质监测可分为例行监测、专项监测、应急监测和科研监测等。

3.3.2　监测流程

监测流程主要为：首先，根据监测目标或任务，确定监测指标；其次，依据监测指标明确监测方法，并做好相关监测准备与保障措施，进而确保顺利完成野外监测，获取相关现场水质数据和样品；再者，在实验室完成水样的分析，样品分析时须严格遵守分析质量控制；最后，进行数据管理并完成报告编制。具体监测流程见第 2 章图 2.1。

3.4　监测指标

3.4.1　指标概况

由表 3.1 和表 3.2 可知，关于珊瑚礁水质状况监测或调查，当前国内外报道过的水质指标主要如下。

（1）物理参数

水深、水温、盐度、电导率、透明度、浊度、悬浮物、悬浮物沉降速率、光合有效辐射（PAR）、海流和表层海水 CO_2 分压（pCO_2）。

（2）化学参数

pH、总碱度、硫化物、溶解氧、化学需氧量（COD）、生化需氧量（BOD_5）、硝酸盐、亚硝酸盐、铵盐、活性磷酸盐、活性硅酸盐、总氮（TN）、总磷（TP）、总有机碳（TOC）、颗粒态氮（PN）、颗粒态磷（PP）、颗粒有机碳（POC）、颗粒有机氮（PON）、三氯蔗糖（人类排泄物指标）、溶解有色有机物（CDOM）、杀虫剂（农药）、多氯联苯（PCBs）、微塑料、油类和重金属（铜、铅、锌、镍、总铬、镉、汞、砷）。

（3）生物参数

叶绿素 a 和粪大肠菌群。

3.4.2　必测指标

由表 3.3 可知，部分水质指标是限制珊瑚生长与分布的关键指标。当前，根据全球珊瑚礁面临的最主要水质威胁因子的状况和相关指标分析方法的简易可操作性，在珊瑚礁水质监测过程中，必测指标如下：水温、盐度、透明度、浊度、悬浮物、光合有效辐射（PAR）、pH、溶解氧、硝酸盐、亚硝酸盐、铵盐、活性磷酸盐和叶绿素 a。

3.4.3　选测指标

在水质监测过程中，根据监测项目需求，选择适宜的监测指标。除必测指标外，选测指标如下。

（1）物理参数

水深、电导率、悬浮物沉降速率、海流和表层海水 CO_2 分压（pCO_2）。

（2）化学参数

总碱度、硫化物、化学需氧量（COD）、生化需氧量（BOD_5）、活性硅酸盐、总氮（TN）、总磷（TP）、颗粒态氮（PN）、颗粒态磷（PP）、颗粒有机碳（POC）、颗粒有机氮（PON）、三氯蔗糖（人类排泄物指标）、溶解有色有机物（CDOM）、杀虫剂（农药）、多氯联苯（PCBs）、微塑料、油类和重金属（铜、铅、锌、镍、总铬、镉、汞、砷）。

（3）生物参数

粪大肠菌群。

3.5　监测方法

3.5.1　站点布设

监测站点布设参照《近岸海域环境监测点位布设技术规范》（HJ 730—2014），以能真实反映监测礁区水质状况和空间趋势为前提，兼顾技术指标和费用的投资，以最少量站点获得的监测结果能满足监测目标为原则，具有代表性、可比性、整体性、稳定性和前瞻性等特征，具体如下。

（1）代表性

可较好地反映监测礁区的水质状况、污染程度、范围及变化规律，反映受人类活动污染的影响，能够对礁区生态环境保护管理和污染治理措施进行评估。

（2）可比性

同类型监测站点的设置条件尽可能一致，使监测站点获取的监测数据具有可比性。

（3）整体性

布设监测站点时，应综合考虑礁区的自然环境及其周边人口分布、土地利用、工业布局等社会经济发展状况，从整体出发，合理布局，监测站点之间相互协调，充分反映主要污染对礁区水质环境的影响。

（4）稳定性

监测站点一经确定，原则上不应变更，确保礁区水质监测资料的连续性和可比性。

（5）前瞻性

监测站点布设应综合考虑监测能力现状与发展，同时考虑礁区现状与相关保护规划，具有一定的前瞻性。

3.5.2　监测频率与周期

监测频率与周期参照《海洋监测规范第 1 部分：总则》（GB 17378.1—2007），应根据监测目标而定，具体如下。

（1）例行监测

每年 2 次，在丰水期、枯水期进行。

（2）定点监测

按单点观测方式，每 1~3 h 采样 1 次，连续采样 25 h；按观测方式，每月不少于 1 次；若珊瑚礁区发生污染、赤潮等事件时，有关的监测站点应酌情或按上级指令要求增加监测次数。

（3）其他监测

如专项监测、应急监测和科研监测等，则根据监测和调查目的，由项目负责人设计。

3.5.3　采样容器与设备

（1）采样容器

采样容器的准备涉及容器选择与洗涤两部分内容。参照《近岸海域环境监测技术规范第 3 部分：近岸海域水质监测》（HJ 442.3—2020），容器的选择与洗涤应遵循以下原则。

①容器选择

容器对水质样品的沾污程度应最小、易清洗；容器材质在化学活性与生物活性方面具有惰性，使样品与容器之间等作用保持在最低水平；应考虑容器体积、形状、质量、密封性、抗破坏性能、重复打开的能力、重复使用的可能性和对温度、水压等变化的应变能力；无机成分样品容器多采用聚乙烯、聚四氟乙烯和多碳酸酯聚合物材质制成的容器；有机物和生物等样品的贮存多采用玻璃质容器；放射性核素和大部分痕量元素等样品采用塑料材质容器；挥发性酚应采用硼硅玻璃容器；有机物和细菌样品容器不得用橡皮塞，碱性样品容器不能用玻璃塞。

②容器洗涤

新容器应根据待测指标的组分使用合适的洗涤剂彻底清除，充分洗净后方可使用；旧容器的器壁或底部多吸附或附着有旧水样残余物，洗涤时应彻底清除、充分洗净后方可使用；具塞玻璃瓶磨口部位可能存在的溶出、吸附和附着现象，应彻底清除、充分洗净后方可使用；聚乙烯瓶常吸附油分、重金属、有机物和沉淀物，应彻底清除、充分洗净后方可使用；营养盐样瓶必须使用无磷洗涤剂清洗，经 1 mol/L 盐酸浸泡 24 h，洗净后方可使用；洗涤次数应根据待测指标的要求，分别采用自来水、纯水或超纯水（去离子水）清洗相应次数。其中，对于营养盐等易受污染样品，最后使用超纯水冲洗至少 3 次以上。

（2）采样器

参照《近岸海域环境监测技术规范第 3 部分：近岸海域水质监测》（HJ 442.3—2020），采样器具有一定的技术要求和常见类型。

①技术要求

应具有良好的注充性和密闭性；材质耐腐蚀、无沾污、无吸附；采样缆绳及其他设备防污；结构简单、轻便、易于冲洗、易于操作和维修；能够抵抗恶劣气候的影响，适应在广泛的珊瑚礁区环境条件下操作；价格合理，容易推广使用。

②主要类型

根据采样的实际情况进行选择，采样器主要包括瞬时样品采样器、抛浮式采水器、深度综合法采样器、开-闭式采水器、闭-开-闭式采水器和泵吸系统采水器等。

3.5.4 采样层次与要求

（1）采样层次

水质监测多配合于珊瑚样带布设，因此采样层次在参照《海洋监测规范第 3 部分：样品采集、贮存与运输》（GB 17378.3—2007）的基础上，还应结合《珊瑚礁生态监测技术规程》（HY/T 082—2005）和当前珊瑚礁分布状况而确定。调查资料显示，尽管我国离岸岛礁，如西沙群岛、中沙群岛和南沙群岛等部分区域在 30 m 以深也存在珊瑚礁，但近岸珊瑚礁大多分布在 10 m 以浅水域，且当前的珊瑚礁调查水深主要为 3 m、6 m、9 m 或 15 m。综上所述，珊瑚礁区水样采样层次如表 3.4 所示。

表 3.4　水样采样层次

水深范围 /m	标准层次	底层与相邻标准层最小距离 /m
<5	表层	
6~10	表层，底层	
10~20	表层，10 m，底层	5
20~50	表层，10 m，30 m，底层	10
50~100	表层，10 m，30 m，50 m，以下水层酌情加层，底层	20

注：表层系指海面以下 0.1~1.0 m；底层，对于河口即港湾海域最好取离海底 2 m 的水层，大风浪时可酌情增大离海底层的距离。

（2）采样要求

现场样品采集过程中，为了保证采集样品的质量，操作存在一定的要求。参照《近岸海域环境监测技术规范第 3 部分：近岸海域水质监测》（HJ 442.3—2020），具体要求如下：

①采样前必须使调查船精确地到达计划采样点（偏差＜10 m），使采集到的样品能够客观地反映站点水体的真实情况；

②船到采样点前 20 min，停止船体排污和冲洗甲板，关闭厕所通海管路，直至监测作业结束；

③采样时应向风逆流采样，且根据样品标准采集步骤采集水样，防止因操作不当而沾污样品；

④现场检测项目在船停稳后应在规定时间内尽快完成，同时做好非现场检测样品的预处理；

⑤观测和采样结束，应立即检查有无遗漏，然后方可通知船方启航；

⑥遇大雨等特殊气象条件下应停止海上采样工作；遇有赤潮和溢油等情况，应按应急监测规定要求进行跟踪监测。

3.5.5　样品保存与运输

（1）样品保存

样品保存根据保存目的和可能发生的变化确定，主要包括抑制微生物作用、减缓化合物或络合物的水解及氧化还原作用、减少组分的挥发和吸附损失和防沾污等。参照《近岸海域环境监测技术规范第 3 部分：近岸海域水质监测》（HJ 442.3—2020），可采用冷藏法、冷冻法、容器充满法和化学法等对采集样品进行保存。

（2）样品运输

采集好的样品在运回实验室供分析的过程中，应采取防止破碎、挤压措施等，保持样品的完整性。参照《近岸海域环境监测技术规范第 3 部分：近岸海域水质监测》（HJ 442.3—2020），具体注意如下：

①样品装运前必须逐件与样品登记表、样品标签和采样记录进行核对，核对无误后分类装箱；

②塑料容器要拧紧内、外盖，贴好密封带；

③玻璃瓶要塞紧磨口塞，然后用铝箔包裹，样品包装要严密，装运中能耐颠簸；

④用隔板隔开玻璃容器，填满装运箱的空隙，使容器固定牢靠；

⑤溶解氧样品要用泡沫塑料等软物填充包装箱，以免振动和曝气，并要冷藏运输；

⑥不同季节应采取不同的保护措施，保证样品的运输环境条件；在装运的液体样品容器侧面上要粘贴上"此端向上"的标签，"易碎—玻璃"的标签应贴在箱顶上；

⑦样品运输应附有清单，清单上注明实验室分析指标、样品种类和总数；

⑧样品移交实验室时，应填写样品交接记录。

3.5.6　样品分析方法

根据现有实验室条件选择符合有关技术标准的分析方法。首先选用国家标准分析方法，其次选用统一分析方法或行业分析方法。如尚无上述分析方法时，可采用 ISO、美国 EPA 和日本 JIS 方法体系等其他等效分析方法，但应经过验证合格，其检出限、准确度和精密度应能达到质量控制要求。监测指标分析方法参见表 3.5 和表 3.6。

表 3.5　必测指标分析方法

指标	推荐的分析方法	检出限（量）或精度	检测范围	采用标准或参考方法
水温	温盐深仪（CTD）法	/	/	GB/T 12763.2—2007
盐度	温盐深仪（CTD）法	/	/	GB/T 12763.2—2007
透明度	透明圆盘法	/	/	GB 17378.4—2007
浊度	浊度计法	/	/	GB 17378.4—2007
悬浮物	重量法	0.8 mg/L	/	GB 17378.4—2007
水下光合有效辐射	水下光量子传感器法	/	/	
pH	pH 计法	0.02	/	GB 17378.4—2007
溶解氧	碘量滴定法	0.32 mg/L	0.08～16 mg/L	GB/T 12763.4—2007
硝酸盐	流动分析 - 镉柱还原 - 重氮偶联 - 长光程分光光度法	6 nmol/L	/	HY/T 0346—2022
亚硝酸盐	流动分析 - 重氮偶联 - 长光程分光光度法	3 nmol/L	/	HY/T 0345—2022
铵盐	流动分析邻苯二甲醛固相萃取荧光光度法	9 nmol/L	/	HY/T 0347—2022
活性磷酸盐	流动分析 - 磷钼蓝固相萃取 - 分光光度法	6 nmol/L	/	HY/T 0344—2022
叶绿素 *a*	荧光分光光度法	/	/	GB 17378.7—2007

注："/"表示无明确说明。

表 3.6 选测指标分析方法

指标	推荐的分析方法	检出限（量）或精度	检测范围	采用标准或参考方法
水深	回声测深仪法	/	/	GB/T 12763.2—2007
	温盐深仪（CTD）法	/	/	GB/T 12763.2—2007
电导率	温盐深仪（CTD）法	/	/	GB/T 12763.2—2007
悬浮物沉降速率	重量法	/	/	HY/T 082—2005
海流	海流计法	/	/	GB/T 12763.2—2007
表层海水 CO_2 分压（pCO_2）	水－气平衡法	/	/	HY/T 0343.7—2022
总碱度	pH 法	/	/	GB/T 12763.4—2007
硫化物	亚甲基蓝分光光度法	0.2 μg/L	0.2～10 μg/L	GB 17378.4—2007
	离子选择电极法	3.3 μg/L	/	GB 17378.4—2007
化学需氧量	碱性高锰酸钾法	0.15 mg/L	/	GB 17378.4—2007
生化需氧量	五日培养法	1.0 mg/L	/	GB 17378.4—2007
	两日培养法	1.0 mg/L	/	GB 17378.4—2007
活性硅酸盐	硅钼蓝法	/	0.003～0.7 mg/L	GB/T 12763.4—2007
	连续流动比色法	0.002 mg/L	0～4.2 mg/L	HJ 442.3—2020
总氮	过硫酸钾氧化法	/	0.053～0.448 mg/L	GB/T 12763.4—2007
总磷	过硫酸钾氧化法	/	0.003～0.198 mg/L	GB/T 12763.4—2007
总有机碳	非色散红外吸收法	0.02 mg/L	/	HY/T 150—2013
颗粒态氮（PN）	元素分析法	0.026 3 mg/L	/	EPA 440.0
颗粒态磷（PP）	半自动比色法	0.002 1 mg/L	/	EPA 365.1
颗粒有机碳（POC）	非色散红外吸收法	0.006 mg	/	HY/T 150—2013
颗粒有机氮（PON）	高温催化氧化法			Science et al.（1999）
三氯蔗糖（人类排泄物指标）	在线固相萃取液相色谱串联质谱法	4.5 ng/L	/	Batchu et al.（2013）
溶解有色有机物（CDOM）	连续高光谱吸收测量法	/	/	Kirkpatrick et al.（2003）
杀虫剂（农药）	高分辨气相色谱/高分辨质谱法	/	/	EPA1699
多氯联苯（PCBs）	气相色谱法	5.9×10^{-3} μg/L	/	GB 17378.4—2007

指标	推荐的分析方法	检出限（量）或精度	检测范围	采用标准或参考方法
微塑料	傅里叶变换显微红外光谱法	/	/	DB 21T 2751—2007
油类	荧光分光光度法	1.0 μg/L	/	GB 17378.4—2007
	紫外分光光度法	3.5 μg/L	/	GB 17378.4—2007
铜	阳极溶出伏安法	0.6 μg/L	/	GB 17378.4—2007
铅	阳极溶出伏安法	0.3 μg/L	/	GB 17378.4—2007
锌	阳极溶出伏安法	1.2 μg/L	/	GB 17378.4—2007
镉	阳极溶出伏安法	0.09 μg/L	/	GB17378.4—2007
总铬	无火焰原子吸收分光光度法	0.4 μg/L	/	GB 17378.4—2007
	二苯碳酰二肼分光光度法	0.3 μg/L	/	GB 17378.4—2007
汞	原子荧光法	0.007 μg/L	/	GB 17378.4—2007
	冷原子吸收分光光度法	0.001 μg/L	/	GB 17378.4—2007
	金捕集冷原子吸收光度法	0.002 7 μg/L	/	GB 17378.4—2007
砷	原子荧光法	0.5 μg/L	/	GB 17378.4—2007
	砷化氢－硝酸银分光光度法	0.4 μg/L	/	GB 17378.4—2007
	氢化物发生原子吸收分光光度法	0.06 μg/L	/	GB 17378.4—2007
	催化极谱法	1.1 μg/L	/	GB 17378.4—2007
粪大肠菌群	滤膜法	/	/	GB 17378.7—2007

注："/"表示无明确说明。

3.5.7　数据记录与处理

（1）数据记录

参照近岸海域环境监测规范（HJ 442—2008），现场样品采集、保存、运输、交接、处理和实验室分析的原始记录是监测工作的重要技术资料，应在记录表格或记录本上按规定格式，对各栏目认真填写。具体要求如下：

①记录表（本）应统一编号，个人不得擅自销毁，用毕按其保存价值，分类归档保存；

②原始记录应字迹端正，不得涂抹。需要改正错记时，在错的数字上画一横线，将正确数字补写在其上方，并在其右下方盖章或签名，不得撕页；

③海上现场采样原始工作记录应使用硬质铅笔书写，以避免被海水沾糊。原始记录按存档要求誊印，一并存档；

④原始记录必须有填表人、测试人、校核人签名，并随监测结果同时报出；

⑤低于检出限的测试结果，用"＜最低检出限（数值）"表示。

（2）数据处理

样品数据产生后，处理原则如下：

①监测数据产生后，数值修约、对异常值的判断和处理执行《海洋监测规范第2部分：数据处理与分析质量控制》（GB 17378.2—2007）；

②对数据准确性确认后进行必要的统计，其中未检出部分按检出限的1/2量统计计算；

③各监测指标的平均值以算术均值表示（pH值除外），以样品个数为计算单元；

④超标率统计也以样品个数为计算单元；

⑤水质类别评价计算以站位为计算单元；

⑥pH值需按下列公式计算平均值：

$$pH_{平均} = -\lg c(H^+)_{平均}$$

$$c(H^+)_{平均} = \frac{\sum_{i=1}^{n} c(H^+)_i}{n}$$

$$c(H^+)_i = 10^{-pH_i}$$

式中：$pH_{平均}$为参与统计的所有样品的pH值平均值；pH_i为第i个样品的pH值；n为样品个数。

3.6　监测质量与安全

3.6.1　质量保证

水质监测涉及监测人员、工作体系、仪器设备、监测用船、采样操作、实验室分析等过程，每一步环环相扣，任何一个环节出现不当，皆有可能对监测质量产生重要影响。因此，在监测过程中需要严格按照《海洋监测规范第1部分：总则》（GB 17378.1—2007）、近岸海域环境监测规范（HJ 442—2008）和《近岸海域环境监测技术规范第 3 部分：近岸海域水质监测》（HJ 442.3—2020）等规范或技术规程相关标准或要求进行操作。

3.6.2 安全保障

在野外监测的过程中，由于海况复杂、易变，会对监测人员和设备产生安全威胁。因此，需要采取预防措施，保障人员和仪器等相关设备的周全，具体要求参照近岸海域环境监测规范（HJ 442—2008）。

3.7 监测报告编制

水质监测完成后，一般需要编制监测报告。参照《海洋监测规范第 1 部分：总则》（GB 17378.1—2007）、《近岸海域环境监测规范》（HJ 442—2008）和《近岸海域环境监测技术规范第 10 部分：评价及报告》（HJ 442.10—2020）等规范或技术规程，监测报告按监测周期和目的主要有日报、周报、月报、季报、期报、半年报、年报、监测快报和专题监测报告。报告编制需要遵循一定原则、要求和主要内容。

3.7.1 编制原则

（1）监测数据与其他观测数据相结合，真实有效，监测数据有质量保证，其他所有引用数据均需翔实可靠，有出处、可查考；

（2）评价水质现状与预测未来变化相结合，贯彻现状、规律分析和趋势分析并重的原则，提高水质监测报告为珊瑚礁生态管理服务的质量；

（3）水质污染因素与自然生态破坏因素相结合，注意分析渐变因素，尽可能说清水质污染的来龙去脉；

（4）文字描述与图表形象表达相结合，监测报告应做到文字精练、可读性强。

3.7.2 编制要求

（1）以科学的监测数据为基础，用简练的文字配以图表正确阐述和评价监测珊瑚礁水质现状，分析水质变化原因、发展趋势及存在的主要问题，并针对存在的问题提出适当的对策与建议；

（2）报告编写要突出科学性、准确性、及时性、可比性和针对性，对水质分析体现综合性和严谨性；

（3）报告类型格式，按照管理部门和对外发布要求确定。

3.7.3　主要内容

（1）前言

项目任务来源、监测目的、监测任务实施单位、实施时间与时段、监测船只与航次及合作单位等的简要说明。

（2）综述

概括阐述主要监测结果与评价分析结论，说明监测珊瑚礁存在的主要水质问题。

（3）监测礁区环境概况

简述监测礁区自然概况、沿岸地区社会经济状况、海洋自然资源状况及开发利用情况、环境功能区划等。

（4）监测工作概况

以图表说明监测区域与范围、监测站点（断面）信息、监测时间、监测内容（包括监测及观测指标、采样方法、分析方法和仪器设备），评价采用的评价标准、评价指标及评价方法，全过程的监测质量保证与质量控制情况及总体质控结论等。

（5）水质监测结果与现状评价

根据监测结果与相关评价标准，对珊瑚礁水质进行现状评价。

（6）质量趋势分析

针对水质现状监测及评价结果，进行同一区域不同时段或多时段比较，不同区域同一时段比较，并进行必要的变化趋势分析与预测评价，包括区域内各指标在空间与时间上的变化原因分析。

（7）水质保护对策与建议

依据水质现状评价及趋势分析结果，阐述存在的主要环境问题及其发展趋势，提出水质保护对策与建议。

（8）监测结果统计报表

（9）附图、附表、附件及参考文献

第4章　造礁石珊瑚识别

4.1　背景

珊瑚是刺胞动物门的重要类群，其可以说是统称也可以说是俗称，日常生活中凡是造型奇特、玲珑剔透而来自海产的，人们就以"珊瑚"命名之。广义上的珊瑚，包括了珊瑚虫纲（Anthozoa）的所有生物和水螅虫纲（Hydrozoa）花裸螅目（Anthoathecata）的多孔螅科（Milleporidae）、柱星螅科（Stylasteridae）的物种。造礁石珊瑚（hermatypic/reef－building coral）则是珊瑚生物中的重要类群，属于刺胞动物门（Cnidaria）、珊瑚虫纲（Anthozoa）、六放珊瑚亚纲（Hexacorallia）、石珊瑚目（Scleractinia），其典型特征是具有文石（aragonite）晶型的碳酸钙外骨骼。造礁石珊瑚并不是分类学划分的类群，而是根据其具有珊瑚礁造礁的生态特征划分出来的。造礁石珊瑚通过钙化作用产生的碳酸钙外骨骼会对珊瑚礁的形成以及生境的构建产生巨大贡献。

我国造礁石珊瑚分布广泛，从福建、广东和广西沿岸到海南岛与台湾岛再到南海的诸多岛礁都有分布。对于我国造礁石珊瑚分类的系统研究，最早是邹仁林等（1975）对海南浅水石珊瑚分类特征进行的描述，并报道了海南岛造礁石珊瑚13科34属和2个亚属的110种和5个亚种。而后邹仁林（2001）根据团队多年调查积累，编著了《中国动物志·腔肠动物门·珊瑚虫纲·石珊瑚目·造礁石珊瑚》一书，其中收录了我国造礁石珊瑚14科54属174种。再者，戴昌凤等对台湾造礁石珊瑚的分类进行系统研究，在2009年编著《台湾石珊瑚志》，共记录台湾岛及其邻近岛屿、东沙群岛和南沙太平岛等的12科65属281种石珊瑚。近年来，研究者对我国各珊瑚礁区进行了更为细致而深入的调查，报道并记录了更多的造礁石珊瑚物种，例如，黄晖等（2018）编著的《西沙群岛珊瑚礁生物图册》中报道了西沙群岛的13科51属173种造礁石珊瑚，其在随后的2021年编著的《南沙群岛造礁石珊瑚》中报道了14科70属324种造礁石珊瑚。方宏达和时小军（2019）出版的《南沙群岛珊瑚图鉴》中也报道了14科175种造礁石珊瑚。戴昌凤和郑有容2021年编著了《台湾珊瑚全图鉴（上）：石珊瑚》，报道的石珊瑚种类多达24科558种，其中绝大多数为造礁石珊瑚。近年来，随着我国造礁石珊瑚调查广度和深度的不断增加，也发现了许多新记录种。珊瑚物种分类地位见图4.1。

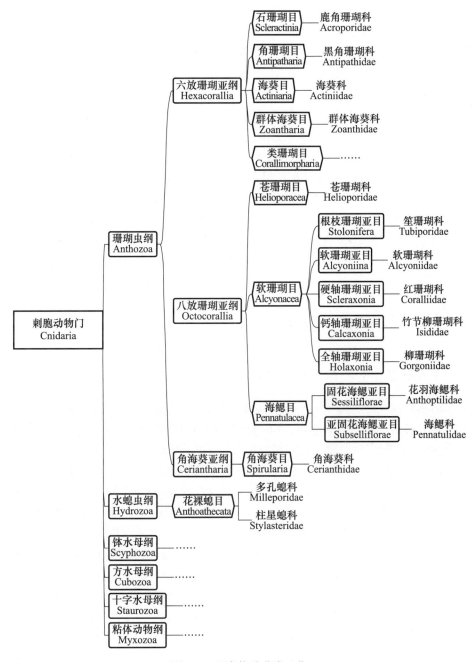

图4.1 珊瑚物种分类地位

我国对造礁石珊瑚物种资源的保护走在世界前列。经国务院批准，我国于

1980 年 12 月 25 日加入了《濒危野生动植物种国际贸易公约》，也就是 CITES（the Convention on International Trade in Endangered Species of Wild Fauna and Flora）公约，并于 1981 年 4 月 8 日对我国正式生效。该公约中就包括了对珊瑚虫纲的角珊瑚目、柳珊瑚目、苍珊瑚目、石珊瑚目以及水螅虫纲多孔螅科和柱星螅科物种的贸易限制与保护。根据 2018 年 11 月 20 日发布的中华人民共和国农业农村部公告第 69 号，濒危野生动植物种国际贸易公约附录水生物种按照被核准的国家重点保护动物级别进行国内管理。已列入国家重点保护名录的物种不再单独进行核准，按对应国家重点保护动物级别进行国内管理，进出口环节需同时遵守国际公约有关规定。根据上述公告中的核准，石珊瑚目的物种（不含化石）都核准为国家二级保护动物，因此，石珊瑚目下属的所有物种都受到了《中华人民共和国野生动物保护法》的保护。2021 年 2 月 5 日调整后《国家重点保护野生动物名录》正式发布，其中明确石珊瑚、苍珊瑚、笙珊瑚、角珊瑚、部分竹节柳珊瑚、多孔螅和柱星螅等珊瑚物种的保护地位。鉴于造礁石珊瑚物种具有的重要且无可替代的生态价值，对造礁石珊瑚的保护刻不容缓。

4.2　造礁石珊瑚分类学概述

4.2.1　石珊瑚分类学研究历史

著名瑞典生物学家卡尔·冯·林奈在 18 世纪将珊瑚称为植虫（zoophytes），并将其分为四大类：Medrepora、Millepora、Tubipora 和 Heliopora。此后，石珊瑚分类学研究蓬勃发展，至今仍方兴未艾。历史上石珊瑚分类研究可以分为 3 个阶段：①早期发现及探索阶段，该阶段通过针对部分获得的石珊瑚骨骼或者化石，对物种进行描述；②系统发展阶段，该阶段针对积累的石珊瑚骨骼和化石，首次综合并建立分类和系统发育体系，奠定了石珊瑚分类系统学的基础；③现代时期，该阶段结合了石珊瑚活体形态和分子生物学技术手段对石珊瑚进行更为科学系统的分类。其中第一阶段和第二阶段主要是围绕博物馆收藏的样品，随着水肺潜水技术的发展，第三阶段开始了造礁石珊瑚水下原位研究阶段。近 20 年，随着分子生物学在石珊瑚分类中的广泛应用，造礁石珊瑚分类学迎来了巨大的变革和挑战，其中的先驱和代表人物是 Romano 和 Palumbi，他们通过线粒体 16S RNA 将造礁石珊瑚分为复杂（complex）和坚实（robust）两个类群（Romano and Palumbi，1996）。随后研究者基于线粒体基因（细胞色素氧化酶 I 和细胞色素 b）和核基因（β 微管蛋白和 rDNA）的序列分析再次支持了该分类方式，而且发现石珊瑚原先根据形态学定义的许多科都是多重起源，这对石珊瑚传统分类学提出了挑战。随后，不断有学者结合微形态学和分子生物学针对石珊瑚种间形态界限模糊这一问题展开了研究，对一些分类阶元和同物异名现象做出了诸多修订。这些研究结果得到了学界的广泛认同，目前对石珊瑚分类与系统发育学的相关研究仍然继续进行，也不断有新的成果产出。

4.2.2 石珊瑚分类系统

石珊瑚的分类系统几经变化，国际上最开始采用的是 Wells（1956）的基于骨骼隔片小梁和隔片形状的分类体系，该体系将石珊瑚分成 5 个亚目，再基于体壁形态和无性生殖出芽方式等特征划分出 33 个科（Wells，1956）。随着标本采集的增加证实了造礁石珊瑚具有环境差异引起的表型可塑性。于是，Veron（1995）在 Wells（1956）分类系统的基础上，根据古代和现生骨骼结构及活体形态对造礁石珊瑚的分类体系进行了修正，该分类体系得到了同行的广泛认可。Chen 等（1995）利用核糖体 DNA 研究造礁石珊瑚演化过程的结果支持了 Veron（1995）提出的新分类体系，《中国动物志腔肠动物门珊瑚虫纲石珊瑚目造礁石珊瑚》也采用该分类体系。然而，造礁石珊瑚基因型不同引起的种内形态差异，以及普遍存在的造礁石珊瑚种间形态界限模糊现象，使得其分类体系依旧存在问题。近年来，分子生物学和微观形态学在造礁石珊瑚物种分类中的运用对 Veron（1995）的分类体系提出了挑战。根据最新的微形态学和分子生物学综合证据，Kitahara 等（2016）提出了全新的分类体系，该体系得到了广泛认可，并被 WoRMS（World Register of Marine Species，http：//www. marinespecies. org）采用。目前，WoRMS 中记录了石珊瑚目的 41 科的 1 600多个物种，并不断有新物种被发现和记录。

4.3 造礁石珊瑚分类学特征

4.3.1 一般术语

珊瑚虫/水螅体（polyp）：单个的珊瑚个体。

触手（tentacles）：珊瑚虫口腔的指状感觉和捕食器官（图4.2）。

口盘（oral disc）：珊瑚虫触手围绕的部分，主要包含珊瑚虫的口部（图4.2）。

共肉（coenosarc）：群体珊瑚虫之间连接的组织（图4.2）。

轴珊瑚杯（axial corallite）：分枝状珊瑚在分枝顶端形成的珊瑚杯结构，并与周围的径向珊瑚杯形态上有区分（图4.3）。

辐射珊瑚杯（radial corallites）：区分于轴珊瑚杯而言的分枝状珊瑚的径向

珊瑚杯（图4.3）。

图4.2　触手、口盘和共肉

图4.3　轴珊瑚杯和辐射珊瑚杯

内触手芽（intra – tentacular budding）：珊瑚杯在珊瑚杯壁内分裂出两个子代珊瑚杯的无性繁殖方式（图4.4）。

外触手芽（extra – tentacular budding）：珊瑚杯在珊瑚杯壁外产生新的子代珊瑚杯的无性繁殖过程（图4.4）。

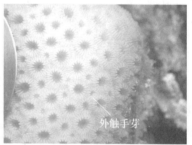
图4.4　内触手芽和外触手芽

轴向口道沟（axial furrow）：珊瑚体中心形成的轴向的口道沟，多见于石芝珊瑚科的部分物种（图4.5）。

4.3.2　骨骼结构

珊瑚杯（corallite）：珊瑚虫构建的骨架结构。

珊瑚杯壁（theca/wall）：分隔珊瑚杯的最外围的一圈骨骼结构（图4.6）。

隔片（septa）：珊瑚杯内的垂直的骨骼竖板（图4.6）。

珊瑚肋（costae）：隔片越过珊瑚杯壁向外延伸形成的肋状骨骼结构（图4.6）。

隔片 – 珊瑚肋（septo – costae）：隔片与珊瑚肋连成一条线形成的结构。

轴柱（columella）：珊瑚杯中心部位的骨骼结构（图4.6）。

共骨（coenosteum）：珊瑚杯与珊瑚杯之间的骨骼（图4.6）。

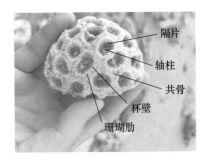

图 4.5 轴向口道沟

图 4.6 珊瑚骨骼结构

隔片齿 (septa teeth)：隔片上形成的齿状构造 (图 4.7)。

围栅瓣 (paliform lobe)：珊瑚隔片内缘末端加厚形成突起或刺状结构并围成冠状 (图 4.8)。

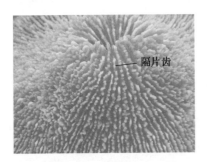

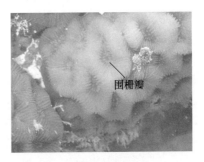

图 4.7 隔片齿

图 4.8 围栅瓣

触手瓣 (tentacular lobe)：珊瑚隔片内缘末端加厚形成的类似触手的结构，见于石芝珊瑚科部分物种 (图 4.9)。

乳突 (papillae)：在珊瑚共骨上形成的骨骼凸起结构，通常比珊瑚杯小 (图 4.10)。

图 4.9 触手瓣

图 4.10 乳突

结节/瘤突（tuberculae）：在珊瑚共骨上形成的骨骼凸起结构，通常稍大于珊瑚杯（图4.11）。

脊塍（coenosteum ridge）：在珊瑚共骨的结节融合起来形成的骨骼凸起结构（图4.12）。

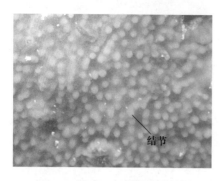

图4.11　结节

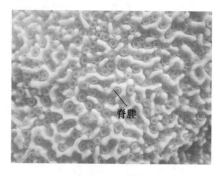

图4.12　脊塍

疣突（verrucae）：是珊瑚表面形成的骨骼凸起的结构，疣突比结节更大，通常远大于珊瑚杯，该结构多出现在杯形珊瑚属的物种，也可见于蔷薇珊瑚属的部分物种（图4.13）。

共骨脊（ridge）：共骨上的隆起形成的山脊状结构（图4.14）。

共骨谷（valley）：被共骨脊包围的结构（图4.14）。

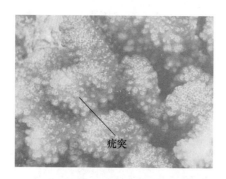

图4.13　疣突

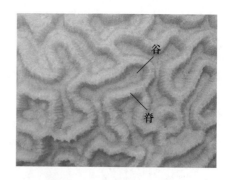

图4.14　共骨脊和共骨谷

4.3.3　珊瑚杯的形态与排列方式

（1）融合形：珊瑚杯具有各自独立的杯壁（图4.15）。

（2）笙形：珊瑚杯具有各自独立的杯壁，且珊瑚杯之间的间隔较大（图4.16）。

图4.15　融合形　　　　　　　　　　图4.16　笙形

（3）多角形：相邻珊瑚杯共有杯壁（图4.17）。

（4）沟回形：相邻珊瑚杯联合形成弯曲的谷（图4.18）。

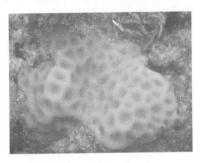

图4.17　多角形　　　　　　　　　　图4.18　沟回形

（5）扇形－沟回形：珊瑚杯形成谷且不共有杯壁（图4.19）。

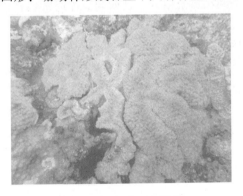

图4.19　扇形－沟回形

4.3.4　珊瑚群体形态

珊瑚群体形态主要分为团块状、柱状、皮壳状、分枝状、叶状、板状和自由生活，参见图4.20。

图4.20　珊瑚群体形态

4.4　造礁石珊瑚主要类群

4.4.1　复杂类群 Complex

Romano 和 Palumbi（1996）通过线粒体 16S rDNA 将造礁石珊瑚分为坚实（robust）和复杂（complex）两个类群。其中复杂类群的骨骼钙化程度和密度较低，通常形成的是网状疏松结构，且珊瑚群体通常具有较为复杂的结构。以下介绍该类群下的主要珊瑚物种。

4.4.1.1　鹿角珊瑚科 Acroporidae

在石珊瑚的分类学中，鹿角珊瑚科是包含种类数量最多的科。鹿角珊瑚科的物种大多数具有复杂的三维骨骼结构，能为诸多海洋生物提供重要的栖息地场所。因此，作为具有复杂结构的典型代表，鹿角珊瑚常作为珊瑚礁生态系统的健康指标种。目前，鹿角珊瑚科包含了6个属，分别是鹿角珊瑚属 *Acropora*、假鹿角珊瑚属 *Anacropora*、穴孔珊瑚属 *Alveopora*、同孔珊瑚属 *Isopora*、星孔珊瑚属 *Astreopora* 和蔷薇珊瑚属 *Montipora*。鹿角珊瑚科的总体特征为：群体生活，珊瑚杯小，除星孔珊瑚和穴孔珊瑚外，珊瑚杯直径均在 1 mm 左右，轴柱发育不良或无，群体生长型形态多变。外触手芽生殖。

其中，穴孔珊瑚属具有大而肉质的水螅体，且水螅体具有 12 个触手（区别于滨珊瑚科角孔珊瑚属的 24 个触手），其他鹿角珊瑚科的物种不具有大而肉质的水螅体。鹿角珊瑚属的物种具有轴珊瑚杯，而假鹿角珊瑚属、蔷薇珊瑚属、星孔珊瑚属不具有轴珊瑚杯。

（1）鹿角珊瑚属 *Acropora*

识别特征：群体形态多为分枝树木状、灌丛状、伞房状或桌板状，极少数皮壳状；具有有轴珊瑚杯和辐射珊瑚杯的分化；隔片多两轮，轴柱不发育，杯壁和共骨多孔。Wallace（1999）依据群体、分枝形态、辐射珊瑚杯形态排列等将鹿角珊瑚属划分为不同的组群，此处参照 Wallace（1999）的组群划分对鹿角珊瑚属的物种分类进行介绍（表4.1）。

表4.1 鹿角珊瑚属物种类群的分类特征

物种类群	群体形态	辐射珊瑚杯形态
Acropora aspera group	伞房状或分枝树状	唇瓣状
Acropora divaricata group	盘状，中心或者边缘固着	厚鼻形
Acropora echinata group	瓶刷状	紧贴管状
Acropora florida group	瓶刷状	厚紧贴管状
Acropora horrida group	多样的	管状，圆形开口
Acropora humilis group	指形	厚管状，开口二分
Acropora hyacinthus group	板状或桌状	唇瓣状
Acropora latistella group	伞房状	紧贴管状
Acropora loripes group	瓶刷状或伞房状	紧贴圆管状
Acropora muricata group	分枝树状或者接近桌状	管状
Acropora nasuta group	伞房状	鼻形到管鼻形
Acropora robusta group	亚分枝树状	唇瓣状杯二形
Acropora rudis group	分枝树状	厚管状
Acropora selago group	多样的	耳蜗状
Acropora verweyi group	丛生到伞房状	紧贴管状

鹿角珊瑚属的代表种类介绍如下。

①*Acropora aspera* group

识别特征：群体伞房状或分枝树状、辐射珊瑚杯唇瓣状。

代表种类：多孔鹿角珊瑚 *Acropora millepora*（彩图1）

②*Acropora divaricata* group

识别特征：群体丛生伞房状分枝末端的珊瑚杯管鼻形，杯口敞开，排列较为整齐，分枝基部的珊瑚杯逐渐变为紧贴管状。

代表种类：两叉鹿角珊瑚 *Acropora divaricate* （彩图 2）

③*Acropora echinata* group

识别特征：群体灌丛状，由瓶刷状分枝交织而成，不规则主枝上按固定间隔生出小分枝。辐射珊瑚杯大小一致，分散，紧贴管状，开口圆形、卵圆形或稍微鼻形。

代表种类：次生鹿角珊瑚 *Acropora subglabra* （彩图 3）

④*Acropora florida* group

识别特征：群体由瓶刷状分枝组成的树状或水平板状；粗壮的主枝上生有次生小分枝，小分枝圆柱状。辐射珊瑚杯大小基本一致，紧贴管状，开口圆形。

代表种类：花鹿角珊瑚 *Acropora florida* （彩图 4）

⑤*Acropora horrida* group

识别特征：群体为不规则树状或瓶刷分枝状；分枝间距大，辐射珊瑚杯管状或亚浸埋型，开口圆形。

代表种类：丑鹿角珊瑚 *Acropora horrida* （彩图 5）

⑥*Acropora humilis* group

识别特征：群体为粗短的指状或长指形分枝形成的伞房状，分枝末端渐细，分枝上部的辐射珊瑚杯分布整齐，短管状，开口二分且外壁加厚，分枝下部的辐射珊瑚杯则有两种类型，小的亚浸埋型散布在大的短管状珊瑚杯之间。

代表种类：粗野鹿角珊瑚 *Acropora humilis* （彩图 6）

⑦*Acropora hyacinthus* group

识别特征：群体桌状或板状，层层搭叠；水平分枝融合成致密或稀疏的板状，向上生出垂直小分枝。辐射珊瑚杯大小基本相同，分布拥挤互相接触，外壁向外伸展成圆形或方形的唇瓣，从小分枝顶端看辐射珊瑚杯围绕轴珊瑚杯呈玫瑰花瓣状排列。

代表种类：风信子鹿角珊瑚 *Acropora hyacinthus* （彩图 7）

⑧*Acropora latistella* group

识别特征：群体伞房状，瘦长分枝从基部均匀地直立伸出。辐射珊瑚大小均匀，紧贴管状，卵圆形开口。

代表种类：细枝鹿角珊瑚 *Acropora nana* （彩图 8）

⑨*Acropora loripes* group

识别特征：群体多为板状，多以边缘部位固着于基底，半圆形。辐射珊瑚杯分布稀疏，紧贴管状，开口圆形或卵圆形。

代表种类：颗粒鹿角珊瑚 *Acropora granulosa* （彩图 9）

⑩*Acropora muricata* group

识别特征：群体为分枝树状，分枝末端变细；辐射珊瑚杯大小均一或变化较大，管状或紧贴管状，开口圆形到倾斜圆形。

代表种类：美丽鹿角珊瑚 *Acropora muricata*（彩图 10）

⑪*Acropora nasuta* group

识别特征：群体为伞房状、丛生伞房状或小型桌状。辐射珊瑚杯大小分布均匀，鼻形，开口圆形或稍呈二分状。

代表种类：鹿角珊瑚 *Acropora nasuta*（彩图 11）

⑫*Acropora robusta* group

识别特征：群体多有皮壳状基部，上生出锥形分枝，或呈低矮的分枝桌状；辐射珊瑚杯有两种形态，二分开口的长管状珊瑚杯之间散布着浸埋型的珊瑚杯，中央锥形分枝上辐射珊瑚杯的二态现象不明显。

代表种类：壮实鹿角珊瑚 *Acropora robusta*（彩图 12）

⑬*Acropora rudis* group

识别特征：群体丛生灌木状到不规则瓶刷状或分枝状，辐射珊瑚杯圆管状，大小不一，分布拥挤，开口圆形到方形。

代表种类：简单鹿角珊瑚 *Acropora austera*（彩图 13）

⑭*Acropora selago* group

识别特征：群体伞房状到簇生伞房状；分枝圆柱形，排列紧凑规则辐射珊瑚杯大小均匀，分布拥挤，耳蜗状，开口圆形，唇瓣明显向外扩张。

代表种类：柔枝鹿角珊瑚 *Acropora tenuis*（彩图 14）

⑮*Acropora verweyi* group

识别特征：群体整体形态变化极大，可为分枝树状、指状或灌丛伞房状；分枝渐细或近圆柱形。辐射珊瑚杯大小形状一致，分布均匀，几乎排成列，稀疏而不接触，紧贴管状，外杯壁加厚且向外突出形成圆形的开口。

代表种类：小丛鹿角珊瑚 *Acropora verweyi*（彩图 15）

（2）假鹿角珊瑚属 *Anacropora*

识别特征：与鹿角珊瑚属的形态相似，群体形态为分枝状，珊瑚杯小，分枝末端无轴珊瑚杯、辐射珊瑚杯排列不规则，目前共记录有 8 个物种。

代表种类：福贝假鹿角珊瑚 *Anacropora forbesi*（彩图 16）

（3）穴孔珊瑚属 *Alveopora*

识别特征：穴孔珊瑚属的物种特征为：群体为团块状或分枝状；珊瑚虫长管状，触手 12 个，排列不规则。

代表种类：卡氏穴孔珊瑚 *Alveopora catalai*（彩图 17）

（4）同孔珊瑚属 *Isopora*

识别特征：群体分枝状或皮壳状；在分枝末端有多个珊瑚杯或无轴珊瑚杯；杯壁和共骨上布满复杂迂回弯曲的小刺。同孔珊瑚属物种的分类特征为群体形态、珊瑚杯突出或者是浸埋。

代表种类：松枝同孔珊瑚 *Isopora brueggemanni*（彩图 18）

（5）星孔珊瑚属 *Astreopora*

识别特征：群体形态群体团块状、皮壳状或叶板状；不具有轴珊瑚杯，珊瑚杯浸埋型或短圆锥形，共骨由向外倾斜的小梁形成的网状结构，表面刺状。

代表种类：多星孔珊瑚 *Astreopora myriophthalma*（彩图 19）

（6）蔷薇珊瑚属 *Montipora*

识别特征：特征为群体生活、群体形态为亚块状、叶片状、分枝状或皮壳状。珊瑚杯小，直径在 2 mm 以下，无轴珊瑚体。共骨网状多孔，共骨上是否平滑或具有乳突、疣突、脊塍或瘤突结节是其分类的特征之一。

代表种类：叶状蔷薇珊瑚 *Montipora foliosa*（彩图 20）

4.4.1.2　滨珊瑚科 Poritidae

滨珊瑚科现包括 4 个属，即伯孔珊瑚属 *Bernardpora*、角孔珊瑚属 *Goniopora*、滨珊瑚属 *Porites* 和柱孔珊瑚属 *Stylaraea*，均分布于印度洋—太平洋海区，其中柱孔珊瑚为单种属且罕见，目前在我国尚未有记录。滨珊瑚科的物种均为群体，生长型为团块状、皮壳状、板状或分枝状，外形较为结实，一些滨珊瑚可以形成直径数米到 10 m 的大型群体，年龄可达百年到千年。群体生殖方式为外触手芽无性生殖。

其中滨珊瑚属的珊瑚杯很小，直径 1～2 mm，骨骼结构特征不明显，微细结构在显微镜下才可以清楚地辨认；角孔珊瑚属的珊瑚杯则相对较大，肉质的水螅体白天通常伸出 24 个触手，因而较易辨认。伯孔珊瑚属原属于角孔珊瑚属，近年来，根据分子生物学证据将其独立划分，其特征为珊瑚杯小于 2 mm、珊瑚杯浅表面光滑且群体形态为皮壳状或亚团块状。

（1）伯孔珊瑚属 *Bernardpora*

识别特征：群体形态为皮壳状或亚团块状，表面光滑；珊瑚杯圆形到多边形，直径约 2 mm；隔片按 Bernard 方式排列，排列致密，上有细齿；白天可见短的水螅体伸出。

代表种类：斯氏伯孔珊瑚 *Bernardpora stutchburyi*（彩图 21）

（2）角孔珊瑚属 *Goniopora*

识别特征：群体形态多为棒状、块状或皮壳状；珊瑚杯壁多孔；隔片多为 3 轮；轴柱一般发育良好；水下可见 24 个触手。

代表种类：柱形角孔珊瑚 *Goniopora columna*（彩图 22）

（3）滨珊瑚属 *Porites*

识别特征：群体形态块状、分枝状、皮壳状或板状；珊瑚杯小，直径平均 1 mm；隔片按 Bernard 方式排列（图 4.21），1 个背直接隔片（dorsal-directive septa）及腹直接隔片（ventral directive septa），为三联式（triplet）或边缘游离（free margin），4对侧隔片（lateral–pair septa）。

代表种类：澄黄滨珊瑚 *Porites lutea*（彩图23）

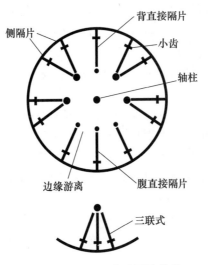

图 4.21　Bernard 方式隔片排列

4.4.1.3　菌珊瑚科 Agariciidae

菌珊瑚科在印度洋—太平洋海区共有5个属，为西沙珊瑚属 *Coeloseris*、加德纹珊瑚属 *Gardineroseris*、薄层珊瑚属 *Leptoseris*、厚丝珊瑚属 *Pachyseris* 和牡丹珊瑚属 *Pavona*。菌珊瑚科的物种为群体生活型珊瑚，仅有少数化石种为单体，生长型为团块状、板状或叶片状，无性生殖方式为内触手芽生殖或口周芽生殖（circumoral budding）；珊瑚杯壁无、发育不良或由合隔桁围成；隔片薄且分布均匀，相邻珊瑚杯的隔片多汇合相连形成隔片–珊瑚肋（septo–costae）。菌珊瑚科是石珊瑚目形态较为独特且容易辨认的类群之一，广泛分布于印度洋—太平洋海区，各种珊瑚礁生境均可生长，如礁坡和潟湖。

其中加德纹珊瑚属和西沙珊瑚属的物种都为块状珊瑚，而厚丝珊瑚属、牡丹珊瑚属和薄层珊瑚属则多为叶状或皮壳状。

（1）西沙珊瑚属 *Coeloseris*

识别特征：群体形态为团块状或皮壳状；珊瑚杯多角形排列，分布拥挤，多边形；杯壁清楚，由合隔桁形成，轴柱不发育，相邻珊瑚杯的隔片相连或稍错开排列，表面不具有明显的尖锐脊塍。

代表种类：西沙珊瑚 *Coeloseris mayeri*（彩图24）

（2）加德纹珊瑚属 *Gardineroseris*

识别特征：群体形态多为团块状；珊瑚杯多边形，位于凹陷深处，表面具有明显的尖锐脊塍。

代表种类：加德纹珊瑚 *Gardineroseris planulata*（彩图 25）

（3）薄层珊瑚属 *Leptoseris*

识别特征：群体形态为皮壳状或板状；珊瑚杯仅分布在上表面，浅窝形，杯壁不明显，珊瑚杯之间由脊塍隔开；隔片 – 珊瑚肋长短粗细不等，边缘或光滑或有小齿；轴柱通常发育。

代表种类：环薄层珊瑚 *Leptoseris explanata*（彩图 26）

（4）厚丝珊瑚属 *Pachyseris*

识别特征：群体形态为叶状或皮壳状、亚团块状，表面布满脊塍，长短不一，或呈同心圆平行排列或不规则排列；隔片 – 珊瑚肋细，排列紧密整齐，轴柱裂瓣小梁状或无。

代表种类：叶状厚丝珊瑚 *Pachyseris foliosa*（彩图 27）

（5）牡丹珊瑚属 *Pavona*

识别特征：群体形态为团块状、柱状、叶状或板状；珊瑚杯小而浅，杯壁不明确，脊塍有时明显；珊瑚杯之间由隔片 – 珊瑚肋相连，隔片 – 珊瑚肋很细，大、小交替排列。

代表种类：易变牡丹珊瑚 *Pavona varians*（彩图 28）

4.4.1.4 真叶珊瑚科 Euphylliidae

依据最新的分子系统发育分析，本科现包括 3 个属，即盔形珊瑚属 *Galaxea*、真叶珊瑚属 *Euphyllia* 和纹叶珊瑚属 *Fimbriaphyllia*，真叶珊瑚科均为群体型珊瑚，通常隔片突出，隔片边缘光滑或装饰有细颗粒，轴柱不发育或发育不良；真叶珊瑚科的物种生长型多变。

其中盔形珊瑚属群体多为亚团块状或皮壳状，而真叶珊瑚属和纹叶珊瑚属的群体形态多为笙形或沟回形，前者的水螅体触手末端球形而后者水螅体触手末端多膨大形成不同的结构。

（1）盔形珊瑚属 *Galaxea*

识别特征：群体形态块状、皮壳状或分枝状；珊瑚杯圆柱状，直径变化较大，有珊瑚肋；基部为泡状或刺状的非珊瑚肋共骨；隔片突出，盔形珊瑚水螅体较大，半透明，触手和隔片围成冠状。

代表种类：丛生盔形珊瑚 *Galaxea fascicularis*（彩图 29）

（2）真叶珊瑚属 *Euphyllia*

识别特征：珊瑚杯多呈笙形；水螅体长管状，触手末端球形，多是雌雄同体和孵幼型生殖。真叶珊瑚属物种的分类特征为群体形态、触手长短、隔片形态与轮数。

代表种类：联合真叶珊瑚 *Euphyllia cristata*（彩图 30）

（3）纹叶珊瑚属 *Fimbriaphyllia*

识别特征：珊瑚杯为笙形或扇形－沟回形排列；水螅体短，触手形态变化较大，肾形、锚形或分叉状，雌雄异体，繁殖方式为排卵型。

代表种类：肾形纹叶珊瑚 *Fimbriaphyllia ancora*（彩图 31）

4.4.1.5　木珊瑚科 Dendrophylliidae

木珊瑚科共记录了 25 个属，其中包括了造礁石珊瑚和深水石珊瑚，国内记录的木珊瑚科的造礁石珊瑚主要存在于陀螺珊瑚属 *Turbinaria*、筒星珊瑚属 *Tubastraea* 和杜沙珊瑚属 *Duncanopsammia*。本科珊瑚生长型相差很大，它们的共同特征为具有厚的合隔桁鞘壁、共骨多孔及隔片发育多遵循 Pourtales 方式排列。

陀螺珊瑚属 *Turbinaria*

识别特征：群体形态多为板状或叶状，通常形成大型群体；珊瑚杯圆形、浸埋或管状；共骨多孔，隔片较短，至少在早期发育阶段隔片按 Pourtales 方式排列；轴柱发育良好，大而致密。

代表种类：皱纹陀螺珊瑚 *Turbinaria mesenterina*（彩图 32）

4.4.2　坚实类群 Robust

Romano 和 Palumbi（1996）通过线粒体 16S rDNA 将造礁石珊瑚分为坚实（robust）和复杂（complex）两个类群。其中坚实类群相对坚硬，拥有高度钙化的骨骼，群体通常是板状或团块状。该类群包含的珊瑚种类介绍如下。

4.4.2.1　星群珊瑚科 Astrocoeniidae

星群珊瑚科共有非六珊瑚属 *Madracis*、帛星珊瑚属 *Palauastrea*、柱群珊瑚属 *Stylocoeniella* 和 *Stephanocoenia* 4 个属。帛星珊瑚属和 *Stephanocoenia* 均为单种属且为分枝状。*Stephanocoenia* 和非六珊瑚属的一些种类仅分布于加勒比海区，其他种类多是广泛分布于印度洋—太平洋海区。本科珊瑚生长型有皮壳状、块状或分枝状，虽然 4 个属之间的骨骼特征差异很大，但它们共同特点为隔片坚固，排列整齐，轴柱杆状，除非六珊瑚属的一些种类不含虫黄藻外，其他种类均为和虫黄藻共生的造礁类群。

柱群珊瑚属的物种为皮壳状、珊瑚杯不明显且存在共骨突起，而帛星珊瑚属的群体为枝状且珊瑚杯明显。

（1）帛星珊瑚属 *Palauastrea*

识别特征：群体形态为分枝状；珊瑚杯明显；隔片 6 个，稍突出，呈星状；共骨上布满细齿。多分布在浑浊水体的沙地之上。

代表种类：多枝帛星珊瑚 *Palauastrea ramose*（彩图 33）

（2）柱群珊瑚属 *Stylocoeniella*

识别特征：群体形态多为皮壳状或团块状；共骨上布满细齿；珊瑚杯旁边

常可见一杆状刺突。

代表种类：罩胄柱群珊瑚 *Stylocoeniella guentheri*（彩图 34）

4.4.2.2　杯形珊瑚科 Pocilloporidae

杯形珊瑚科是印度洋—太平洋海区常见的重要造礁珊瑚类群，共包括 3 个属，即杯形珊瑚属 *Pocillopora*、排孔珊瑚属 *Seriatopora* 和柱状珊瑚属 *Stylophora*。杯形珊瑚生长型主要为分枝状，珊瑚杯直径小，为 1～2 mm；隔片一到两轮，多有轴柱发育，隔片呈刺状或薄板状，某些种类隔片和柱状的轴柱融合相连；共骨上布满小刺。杯形珊瑚科物种的生长型主要为分枝状，珊瑚杯直径小，为 1～2 mm；隔片一到两轮，多有轴柱发育，隔片呈刺状或薄板状，某些种类隔片和柱状的轴柱融合相连；共骨上布满小刺。

杯形珊瑚属的群体表面具有疣突，而排孔珊瑚属和柱状珊瑚属的群体表面不具有疣，它们前者的珊瑚杯排列成行，后者的珊瑚杯具有罩状结构。

（1）杯形珊瑚属 *Pocillopora*

识别特征：群体形态为分枝状，分枝表面布满疣突；珊瑚杯位于疣突之间或其上。

代表种类：疣状杯形珊瑚 *Pocillopora verrucose*（彩图 35）

（2）排孔珊瑚属 *Seriatopora*

识别特征：群体形态为分枝状，分枝粗细不等，珊瑚杯沿分枝纵向排成列。

代表种类：箭排孔珊瑚 *Seriatopora hystrix*（彩图 36）

（3）柱状珊瑚属 *Stylophora*

识别特征：群体分枝状到板枝状，无疣突；珊瑚杯一般有罩（hood），第一轮隔片针状或板状，与轴柱相连；共骨上有刺或颗粒。

代表种类：柱状珊瑚 *Stylophora pistillata*（彩图 37）

4.4.2.3　石芝珊瑚科 Fungiidae

石芝珊瑚科现共包括 16 个属，分别是 *Cantharellus*、梳石芝珊瑚属 *Ctenactis*、圆饼珊瑚属 *Cycloseris*、刺石芝珊瑚属 *Danafungia*、石芝珊瑚属 *Fungia*、帽状珊瑚属 *Halomitra*、辐石芝珊瑚属 *Heliofungia*、绕石珊瑚属 *Herpolitha*、石叶珊瑚属 *Lithophyllon*、叶芝珊瑚属 *Lobactis*、侧石芝珊瑚属 *Pleuractis*、足柄珊瑚属 *Podabacia*、多叶珊瑚属 *Polyphyllia*、履形珊瑚属 *Sandalolitha*、*Sinuorota* 和 *Zoopilus*。石芝珊瑚科的物种营单体或群体生活，水螅体通常较大，一些单体种类直径可达 50 cm，营自由生活或附着生活。石芝珊瑚科的一些珊瑚在幼体阶段常固着于基底之上，成体之后脱离营自由生活，符合这一特征的包括所有的单体珊瑚和一些群体珊瑚，如梳石芝珊瑚属、绕石珊瑚属、多叶珊瑚、履形珊瑚属的珊瑚，而其他的群体珊瑚，如石叶珊瑚属和足柄珊瑚属的珊瑚则终生营固着生活。石芝珊瑚科下属的物种分类主要是看是否是单体、单体或群体的形态、隔片及隔片齿的大小与排布、珊瑚肋及珊瑚肋齿的大小与排布。

（1）梳石芝珊瑚属 *Ctenactis*

识别特征：该属的特征为群体自由生活，长履形或长椭圆形，沿中线形成明显的轴向口道沟，隔片上覆盖着大而有角的凹痕。

代表种类：刺梳石芝珊瑚 *Ctenactis echinate*（彩图38）

（2）圆饼珊瑚属 *Cycloseris*

识别特征：该属的特征为单体或群体，圆形或卵圆形，自由或固着生活，形状不规则；初级隔片较厚，在口中央较突出，隔片边缘有细的尖齿；珊瑚肋有不明显的细尖齿，有时呈颗粒状。

代表种类：摩卡圆饼珊瑚 *Cycloseris mokai*（彩图39）

（3）刺石芝珊瑚属 *Danafungia*

识别特征：该属的特征为隔片和珊瑚肋大小高低相间排列，隔片边缘的齿多呈三角形或刺状，或细而不明显或大而粗糙，低轮次珊瑚肋上的刺突更大更密。珊瑚体中央弓起明显。

代表种类：多刺石芝珊瑚 *Danafungia horrida*（彩图40）

（4）石芝珊瑚属 *Fungia*

识别特征：该属的特征为自由生活；隔片边缘布满精细的隔片齿；珊瑚肋齿多为长而尖的圆锥形。

代表种类：石芝珊瑚 *Fungia fungites*（彩图41）

（5）帽状珊瑚属 *Halomitra*

识别特征：该属的特征为群体珊瑚且自由生活，多口道中心；具有中心珊瑚杯且珊瑚杯不明显或不拥挤，近圆形，凸形或半圆钟盖形。

代表种类：小帽状珊瑚 *Halomitra pileus*（彩图42）

（6）辐石芝珊瑚属 *Heliofungia*

识别特征：特征为触手白天黑夜均伸展，触手呈长圆筒状。

代表种类：辐石芝珊瑚 *Heliofungia actiniformis*（彩图43）

（7）绕石珊瑚属 *Herpolitha*

识别特征：该属的特征为群体珊瑚，自由生活，上凸下凹，沿中轴形成一系列口道，可延伸至两端，形状多变，呈"Y"形、"V"形、"X"形。

代表种类：绕石珊瑚 *Herpolitha limax*（彩图44）

（8）石叶珊瑚属 *Lithophyllon*

识别特征：该属的特征为单体自由生活或群体固着生活；隔片齿中等大小，呈稀疏的锯齿状；珊瑚肋为简单的颗粒状突起或极其复杂的分叉状突起。

代表种类：波形石叶珊瑚 *Lithophyllon undulatum*（彩图 45）

（9）叶芝珊瑚属 *Lobactis*

识别特征：单属种，该属的特征为单体，自由生活，延长的卵圆形；低轮次隔片较为粗大坚固，隔片齿很细，隔片具有明显触手瓣；珊瑚肋齿长，表面布满很小的尖齿因而显得粗糙。

代表种类：楯形叶芝珊瑚 *Lobactis scutaria*（彩图 46）

（10）侧石芝珊瑚属 *Pleuractis*

识别特征：该属的特征为单体，自由生活，圆盘状或长椭圆形，中央稍隆起；隔片数目多，排列致密，低轮次厚且明显，部分种类具有触手瓣；珊瑚肋大小排列均匀，其上的齿多钝圆而侧扁，且有细颗粒突起。

代表种类：波莫特侧石芝珊瑚 *Pleuractis paumotensis*（彩图 47）

（11）足柄珊瑚属 *Podabacia*

识别特征：该属的特征为群体，扁平或叶状，坚固有孔，成体时附着于基底。

代表种类：壳形足柄珊瑚 *Podabacia crustacea*（彩图 48）

（12）多叶珊瑚属 *Polyphyllia*

识别特征：该属的特征为椭圆形或长形，上凸下凹，多口道；珊瑚肋小而稀疏，隔片－珊瑚肋为花瓣状。

代表种类：多叶珊瑚 *Polyphyllia talpina*（彩图 49）

（13）履形珊瑚属 *Sandalolitha*

识别特征：该属的特征为群体，自由生活，无中轴沟；不具有中心珊瑚杯，珊瑚杯明显且拥挤，隔片和珊瑚肋大小不等，排列紧密，为不规则的粗糙锯齿。

代表种类：健壮履形珊瑚 *Sandalolitha robusta*（彩图 50）

4.4.2.4 沙珊瑚科 Psammocoridae

沙珊瑚科的沙珊瑚属 *Psammocora* 原隶属于铁星珊瑚科 Siderastreidae，随后的系统发育分析发现它和铁星珊瑚科的筛珊瑚属 *Coscinaraea*、铁星珊瑚属 *Siderastrea* 和假铁星珊瑚属 *Pseudosiderastrea* 存在明显的骨骼微形态结构差异和遗传分化，因此将沙珊瑚属提升成为沙珊瑚科。

沙珊瑚属 *Psammocora*

识别特征：沙珊瑚属的特征为群体形态为块状、柱状、层状或结壳状。珊瑚杯小而浅，有时形成浅谷。珊瑚杯壁模糊不清。少数初级隔片－珊瑚肋嵌入次级隔片－珊瑚肋中，形成独特的物种特异性模式。隔片－珊瑚肋布满细颗粒。轴柱由一组小叶组成。触手通常只在晚上伸出。

代表种类：深室沙珊瑚 *Psammocora profundacella*（彩图 51）

4.4.2.5 筛珊瑚科 Coscinaraeidae

筛珊瑚属原隶属于铁星珊瑚科 Siderastreidae，随后的系统发育分析发现它和铁星珊瑚科的沙珊瑚属 *Psammocora*、铁星珊瑚属 *Siderastrea* 和假铁星珊瑚属 *Pseudosiderastrea* 均存在明显的形态学差异和遗传分化，因此将筛珊瑚属提升成为筛珊瑚科 Coscinaraeidae，目前筛珊瑚科内仅有筛珊瑚属单属。

筛珊瑚属 *Coscinaraea*

识别特征：群体多为团块状、柱状、皮壳状或板状；珊瑚杯通常不规则散布或以短谷形式排列；隔片 – 珊瑚肋边缘锯齿状或布满细颗粒；珊瑚杯壁不甚明显，由几圈合隔桁形成低的脊膛。

代表种类：柱形筛珊瑚 *Coscinaraea columna*（彩图 52）

4.4.2.6 黑星珊瑚科 Oulastreidae

黑星珊瑚科下仅有 1 个属，为黑星珊瑚属 *Oulastrea*。

黑星珊瑚属 *Oulastrea*

识别特征：群体形态为皮壳状并通常只有几厘米宽。珊瑚杯大小均匀，紧密压实。隔片中长隔片与短隔片互生。围栅瓣发育良好。触手有时在白天伸展。

代表种类：黑星珊瑚 *Oulastrea crispate*（彩图 53）

4.4.2.7 叶状珊瑚科 Lobophylliidae

叶状珊瑚科现共有 13 个属，其中我国最为常见的物种有棘星珊瑚属 *Acanthastrea*、缺齿珊瑚属 *Cynarina*、刺叶珊瑚属 *Echinophyllia*、同叶珊瑚属 *Homophyllia*、叶状珊瑚属 *Lobophyllia* 和尖孔珊瑚属 *Oxypora*。叶状珊瑚科的物种多为群体生活，多为团块状；珊瑚杯以多角形、融合形、笙形或扇形 – 沟回形方式排列，珊瑚杯和谷非常大，肉质组织肥厚，珊瑚杯壁厚；隔片大而坚固，上有明显的尖锐的齿状突起；轴柱一般发育良好。

在我国常见的种类中，缺齿珊瑚属和叶状珊瑚属的个别物种为单体，其他的均为群体，叶状珊瑚属多为团块状或皮壳状；棘星珊瑚属的物种为多角形到亚融合形；尖孔珊瑚属和刺叶珊瑚属多为叶状。

（1）棘星珊瑚属 *Acanthastrea*

识别特征：群体多为团块状或皮壳状，表面多扁平；珊瑚杯多角状或亚融合形排列，单口道中心，圆形或多边形，在杯壁位置加厚，肉质组织明显；隔片上有长齿。

代表种类：棘星珊瑚 *Acanthastrea echinate*（彩图 54）

（2）刺叶珊瑚属 *Echinophyllia*

识别特征：群体形态为皮壳状或板状；珊瑚杯浸埋到管状，轴柱发育不良，隔片 – 珊瑚肋起始位置有孔洞，边缘具有大而明显的尖刺。

代表种类：粗糙刺叶珊瑚 *Echinophyllia aspera*（彩图 55）

（3）叶状珊瑚属 *Lobophyllia*

识别特征：群体形态多为团块状；珊瑚杯大，排列方式为沟回形、笙形或扇形－沟回形；隔片大，边缘有长齿，轴柱宽大。

代表种类：伞房叶状珊瑚 *Lobophyllia corymbose*（彩图 56）

（4）尖孔珊瑚属 *Oxypora*

识别特征：群体形态多为薄板状；珊瑚杯较浅，通常不倾斜，杯壁不发育；隔片－珊瑚肋少但明显，轴柱发育不良，在隔片－珊瑚肋起始部位通常有孔洞。

代表种类：粗棘尖孔珊瑚 *Oxypora crassispinosa*（彩图 57）

4.4.2.8　裸肋珊瑚科 Merulinidae

裸肋珊瑚科是根据分子系统学的最新研究修订合并而新建立的科，原蜂巢珊瑚科 Faviidae 的多数种类均归入裸肋珊瑚科，Fukami 等（2008）的分子系统学研究表明蜂巢珊瑚科内不同属之间的亲缘关系较为复杂，为多重起源，而且一些其他科。现裸肋珊瑚科共包括 24 个属，分别为圆星珊瑚属 *Astrea*、*Australogyra*、小笠原珊瑚属 *Boninastrea*、干星珊瑚属 *Caulastraea*、腔星珊瑚属 *Coelastrea*、刺星珊瑚属 *Cyphastrea*、盘星珊瑚属 *Dipsastraea*、刺孔珊瑚属 *Echinopora*、*Erythrastrea*、角蜂巢珊瑚属 *Favites*、菊花珊瑚属 *Goniastrea*、刺柄珊瑚属 *Hydnophora*、肠珊瑚属 *Leptoria*、裸肋珊瑚属 *Merulina*、斜花珊瑚属 *Mycedium*、*Orbicella*、耳纹珊瑚属 *Oulophyllia*、拟菊花珊瑚属 *Paragoniastrea*、拟圆菊珊瑚属 *Paramontastraea*、梳状珊瑚属 *Pectinia*、囊叶珊瑚属 *Physophyllia*、扁脑珊瑚属 *Platygyra*、葶叶珊瑚属 *Scapophyllia*、粗叶珊瑚属 *Trachyphyllia*。生长型变化较大，主要有笙形、融合形、多角形及沟回形，不同属通常有其独特的生长型。

干星珊瑚属为笙形；盘星珊瑚属和刺星珊瑚属为融合形，前者为内触手芽生殖，后者为外触手芽生殖；圆星珊瑚属、角蜂巢珊瑚属、腔星珊瑚属和菊花珊瑚属为多角形，其中圆星珊瑚属为外触手芽，其他的为内触手芽，而腔星珊瑚属和菊花珊瑚属多具有围栅瓣；扁脑珊瑚属，肠珊瑚属、裸肋珊瑚属和耳纹珊瑚属为沟回形。梳状珊瑚属、斜花珊瑚属和刺孔珊瑚属为叶状到分枝状，刺柄珊瑚属的群体表面具有特异的圆锥形小丘，其中梳状珊瑚属共骨上高而尖的不规则脊膛，斜花珊瑚属的珊瑚杯倾斜。

（1）圆星珊瑚属 *Astrea*

识别特征：群体形态为团块状；珊瑚杯规整，融合形排列；外触手芽生殖。

代表种类：曲圆星珊瑚 *Astrea curta*（彩图 58）

（2）干星珊瑚属 *Caulastraea*

识别特征：群体形态为笙形排列；隔片多而细；轴柱发育良好。

代表种类：短枝干星珊瑚 *Caulastraea tumida*（彩图 59）

（3）腔星珊瑚属 *Coelastrea*

识别特征：群体板状或团块状；珊瑚杯多角形排列，隔片 4 轮以上；轴柱为小梁海绵状，围栅瓣发育良好。

代表种类：粗糙腔星珊瑚 *Coelastrea aspera*（彩图60）

（4）刺星珊瑚属 *Cyphastrea*

识别特征：群体生长型变化大，块状、皮壳状或分枝状；珊瑚杯融合状排列，直径小于3 mm；珊瑚肋仅限于杯壁上；共骨多颗粒。

代表种类：锯齿刺星珊瑚 *Cyphastrea serailia*（彩图61）

（5）盘星珊瑚属 *Dipsastraea*

识别特征：群体形态为团块状、扁平状或圆顶半球状；珊瑚杯单口道中心，融合形排列，稍突出，珊瑚杯之间有沟槽，杯壁明显；无性生殖方式为外触手芽。

最初由传统形态学分类而来的蜂巢珊瑚科珊瑚是印度洋—太平洋海区重要的功能类群，在系统发育分析时发现原有的蜂巢珊瑚属 *Favia* 可划分为两个类群，即大西洋类群和印度洋—太平洋类群，而原蜂巢珊瑚科的模式物种 *Favia fragum* 仅分布在大西洋，故在大西洋类群中保留 *Favia* 这个属名，将印度洋—太平洋原有的蜂巢珊瑚属类群新划为盘星珊瑚属 *Dipsastraea*。目前，蜂巢珊瑚科 Faviidae 和蜂巢珊瑚属 *Favia* 仍然保留，但仅局限于大西洋类群。

代表种类：翘齿盘星珊瑚 *Dipsastraea matthai*（彩图62）

（6）刺孔珊瑚属 *Echinopora*

识别特征：群体生长型变化大；珊瑚杯融合形排列，大而突出；隔片突出，不规则；轴柱发达，珊瑚肋仅在杯壁上；共骨上多有颗粒或刺。

代表种类：宝石刺孔珊瑚 *Echinopora gemmacea*（彩图63）

（7）角蜂巢珊瑚属 *Favites*

识别特征：群体形态为块状、扁平状或圆拱形；珊瑚杯单口道中心，多角形排列，杯间无槽相隔；围栅瓣不发育。目前，角蜂巢珊瑚属的物种经过分类学的调整与梳理之后，也存在一些不是多角形而是融合形的珊瑚进来，增加了对其分类的难度。

代表种类：秘密角蜂巢珊瑚 *Favites abdita*（彩图64）

（8）菊花珊瑚属 *Goniastrea*

识别特征：群体形态为团块状或皮壳状；珊瑚杯多角形或亚沟回形排列；隔片齿细而规则；围栅瓣发育良好。

代表种类：梳状菊花珊瑚 *Goniastrea pectinata*（彩图65）

（9）刺柄珊瑚属 *Hydnophora*

识别特征：群体形态为块状、皮壳状或树枝状；刺柄珊瑚属是石珊瑚目种唯一具有特异圆锥形小丘（monticule/conical colline）的类群。

代表种类：小角刺柄珊瑚 *Hydnophora microconos*（彩图66）

（10）肠珊瑚属 *Leptoria*

识别特征：群体形态为团块状或皮壳状；谷弯曲而连续，谷宽和深几乎相等；脊塍矮而坚固，轴柱由连续或间断的薄片组成。

代表种类：弗利吉亚肠珊瑚 *Leptoria phrygia*（彩图 67）

（11）裸肋珊瑚属 *Merulina*

识别特征：群体形态为平展板状，薄，常有矮丘状或不规则分枝；谷长而直，稍弯曲，多分叉；隔片边缘有粗齿。

代表种类：阔裸肋珊瑚 *Merulina ampliata*（彩图 68）

（12）斜花珊瑚属 *Mycedium*

识别特征：群体形态为板状；珊瑚杯突出且向边缘倾斜，因此一侧的杯壁几乎不发育珊瑚杯呈鼻形；隔片 – 珊瑚肋发育良好，上有精细的装饰。

代表种类：象鼻斜花珊瑚 *Mycedium elephantotus*（彩图 69）

（13）耳纹珊瑚属 *Oulophyllia*

识别特征：群体形态为团块状；珊瑚杯沟回形，单口道中心或多口道中心；谷宽可达 2 cm，边缘多齿，围栅瓣多发育。

代表种类：贝氏耳纹珊瑚 *Oulophyllia bennetae*（彩图 70）

（14）梳状珊瑚属 *Pectinia*

识别特征：群体形态为薄板状、叶片状到亚树木状，其上布满高而尖的不规则脊塍，谷短而宽；珊瑚杯分布不规则。

代表种类：莴苣梳状珊瑚 *Pectinia lactuca*（彩图 71）

（15）扁脑珊瑚属 *Platygyra*

识别特征：群体形态为扁平或拱形的块状；珊瑚杯沟回形排列，脊塍薄，尖而有孔，谷长短变化较大；无围栅瓣，轴柱为连续的缠结小梁组成，无中心。

代表种类：中华扁脑珊瑚 *Platygyra sinensis*（彩图 72）

4.4.2.9 同星珊瑚科 Plesiastreidae

同星珊瑚科是基于 Fukami 等（2008）的分子系统学研究而新建立的科，其研究发现蜂巢珊瑚科存在多重起源现象。随后台湾的戴昌凤老师据此定义了同星珊瑚科，其包括了来自原蜂巢珊瑚科的同星珊瑚属 *Plesiastrea*，来自真叶珊瑚科的泡囊珊瑚属 *Plerogyra* 和鳞泡珊瑚属 *Physogyra*，以及褶叶珊瑚科的胚褶叶珊瑚属 *Blastomussa*。随后的研究发现胚褶叶珊瑚属、泡囊珊瑚属和鳞泡珊瑚属尚无法确定分类地位暂时放置在未定科（incertae sedis）中，现同星珊瑚科仅包括同星珊瑚属，且为本科的模式属。

同星珊瑚属 *Plesiastrea*

识别特征：珊瑚杯亚多角形到融合形排列，圆形；围栅瓣发育良好；外触手芽生殖。

代表种类：多孔同星珊瑚 *Plesiastrea versipora*（彩图73）

4.4.2.10 双星珊瑚科 Diploastraeidae

分子系统学研究发现双星珊瑚属 *Diploastrea* 与原蜂巢珊瑚科的各属及其他石珊瑚在 DNA 序列上均存在很大的差异，最初将其归为蜂巢珊瑚科仅是基于整体外形的相似性，但是其骨骼微细结构并不同，如同双星珊瑚的珊瑚杯壁绝大多数为隔片鞘，另有部分为合隔桁鞘，隔片边缘的齿特别细小，因此将其单独列为一个科。本科仅有一种珊瑚，即同双星珊瑚，是水下最容易辨识的珊瑚之一，还是形态变化最小的团块状珊瑚。

双星珊瑚属 *Diploastrea*

识别特征：群体皮壳块状，由外触手芽无性生殖形成的大型融合群体；珊瑚杯低矮锥形，珊瑚杯口小而珊瑚杯壁厚，轮廓呈较规则的多边形；隔片等大，边缘有齿；轴柱发育良好，珊瑚骨骼紧实坚硬。

代表种类：同双星珊瑚 *Diploastrea heliopora*（彩图74）

4.4.2.11 未定科 Incertae sedis

根据 Budd 等（2012）、Benzoni 等（2014）和 Kitahara 等（2016）的最新研究，石珊瑚目 4 个属因为无法确定分类地位而暂时放置在未定科，其中包括胚褶叶珊瑚属 *Blastomussa*、小星珊瑚属 *Leptastrea*、鳞泡珊瑚属 *Physogyra* 和泡囊珊瑚属 *Plerogyra*，有待进一步研究来解决其归属。其中，小星珊瑚属目前虽然暂时归为未定，但是由于和其他科属都有较大差异，未来可能成立新科，以下介绍国内常见的物种。

（1）小星珊瑚属 *Leptastrea*

识别特征：群体形态为皮壳状或团块状；珊瑚杯多边形或圆柱形，珊瑚杯之间有槽；共骨坚实，轴柱为乳突状突起。

代表种类：不均小星珊瑚 *Leptastrea inaequalis*（彩图75）

（2）鳞泡珊瑚属 *Physogyra*

识别特征：群体形态为团块状；谷连续而弯曲；隔片大而突出；触手长而尖。

代表种类：轻巧鳞泡珊瑚 *Physogyra lichtensteini*（彩图76）

（3）泡囊珊瑚属 *Plerogyra*

识别特征：群体形态为扇形－沟回形或笙形；隔片大而坚固，边缘光滑，突出，间距大；轴柱不发育，外鞘空泡状，群体表面布满泡囊，触摸时会收回。

代表种类：泡囊珊瑚 *Plerogyra sinuosa*（彩图77）

第5章 珊瑚礁其他生物识别

5.1 珊瑚礁鱼类

5.1.1 分类及功能类群划分

5.1.1.1 概述

珊瑚礁占世界海洋表面积的不到0.1%，但却为25%的海洋鱼类提供了栖息地。珊瑚礁栖息地与构成世界其他99%海洋的开放水域栖息地形成了鲜明对比。珊瑚礁鱼类是生活在珊瑚礁环境中或与珊瑚礁关系密切的鱼类。珊瑚礁中数量多、种类丰富且最常见的脊椎动物就是鱼类，珊瑚礁鱼类物种繁多，色彩艳丽，一直以来都是珊瑚礁生态系统中最吸引人的群体，它们不同的体色有着不同的作用。比如，红色在水里一般呈现为黑色，使得它们难以被看到；条纹图案有助于在珊瑚礁里进行伪装，长在尾部的斑点图案甚至可以误导捕食者，让它们以为是猎物的头部；底栖鱼类的体色及花纹与底质基本完全相同，优秀的伪装技能使它们的捕食变得简单。

由于珊瑚礁是一种独特又复杂的特殊生境，其物理结构与开放海域截然不同，数百种物种能够生活在一小块健康的珊瑚礁上，珊瑚礁鱼类为了适应环境，在形态、行为和摄食上展现出了非常高的多样性，进化出了许多神奇的生存方式。比如，许多珊瑚礁鱼类都具有带刺的背鳍，用来进行防卫或将自己固定在适当的位置躲避捕食者，更有甚者，如鲉科鱼类将背鳍发展成了毒刺。其他珊瑚礁鱼类也进化出了复杂的适应性行为，如小型鱼类一般通过躲藏在礁石缝隙中或形成鱼群来降低被捕食的概率，并且许多珊瑚礁鱼类会在浅水区或者其他栖息地如红树林等地方产卵，它们的幼体会一直在浅滩生长，成长到一定阶段才会回到珊瑚礁生活；而捕食者的捕食手段也在日益精进，石斑鱼是珊瑚礁中常见的肉食性鱼类，流线型的身体使得它们的速度更快，有些石斑鱼有着与环境相似的体色和花纹，它们会埋伏在水底，等小鱼或无脊椎动物靠近时突然弹起，用突然扩张的嘴把猎物吸进去，几乎没有猎物能够逃脱。而一些羊鱼科的肉食性鱼类，它们的主要食物是底质上的无脊椎动物（节肢动物和软体动物等），它们长有有力的"胡须"，能够使用"胡须"翻开沙子和沉积物，进而吃掉隐藏和生活在其中的无脊椎动物。

5.1.1.2 分类

在分类上，常见的珊瑚礁鱼类可分为软骨鱼和硬骨鱼两个大类（图5.1）。

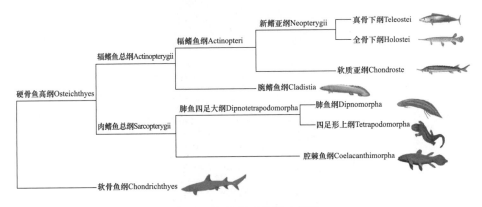

图5.1 鱼类谱系分类示意图

（1）软骨鱼

软骨鱼属于脊索动物门–脊椎动物亚门–软骨鱼纲，顾名思义，之所以被称为软骨鱼是因为其内骨骼完全由软骨构成，虽然经常会发生钙化，但没有任何真骨组织。它们身体多呈流线型，游泳速度快，牙齿较多，表皮粗糙，身体被有盾鳞（图5.2）。

（2）硬骨鱼

硬骨鱼分为肉鳍鱼和辐鳍鱼两大类，大部分肉鳍鱼已经灭绝，目前仅剩矛尾鱼和肺鱼等少数种类。而辐鳍鱼家族发展的枝繁叶茂，现存的鱼类绝大部分都是辐鳍鱼，除了少部分软骨鱼，珊瑚礁鱼类也基本全属于辐鳍鱼纲。

我国珊瑚礁鱼类绝大部分栖息在南海近岸水域和南海诸岛水域，主要由22目180科1 226种鱼类组成，其中软骨鱼类以真鲨目Carcharhiniformes和鲼目Myliobatiformes的种类数占优，硬骨鱼类以鲈形目Perciformes和鲀形目Tetraodontiformes的种类数占优势（陈国宝等，2007）。

5.1.1.3 功能类群划分

珊瑚礁鱼类物种多样性非常高，不同种类之间的摄食习性也各不相同，在漫长的进化过程中，珊瑚礁鱼类演化出了高度多样化的摄食策略、食物偏好及摄食节律等。研究人员按照不同摄食特征将珊瑚礁鱼类划分为珊瑚食性、植食性、杂食性及肉食性4个一级功能类群。在此基础上，又根据取食方式和摄食对象的差异，进一步划分为18个二级功能类群（表5.1）。

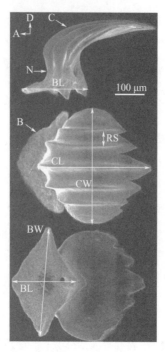

图 5.2　软骨鱼类黑边鳍真鲨体表的盾状鳞片的侧视图、背视图和腹视图（放大 200 倍）

B：基底；BL：基底长度；BW：基底宽度；C：冠；CL：冠长；

CW：冠宽；N：颈部；RS：肋间距（Motta et al., 2012）

表 5.1　南沙珊瑚礁鱼类典型功能群

一级功能类群	二级功能类群	描述
珊瑚食性	专食珊瑚型	主要以石珊瑚组织为食，如黏液、珊瑚虫等
	食软珊瑚型	以软珊瑚为食
	兼食珊瑚型	以石珊瑚组织为食，但也摄食其他食物种类，如浮游生物等
植食性 （包含碎屑食性）	游动碎屑食型	游泳能力强，在礁区游弋，主要以 EAM 或珊瑚礁区的有机碎屑为食
	固定碎屑食型	游泳能力差，常停留在有限范围内，以 EAM 中的有机碎屑为食
	啃食型	上、下颌咬合能力强，常把礁石或珊瑚大块啃下，以获取其表面附生或内生的藻类或珊瑚
	刮食型	上、下颌咬合能力较强，但次于采取啃食的鱼类，主要以礁石表面附生生物为摄食对象
	割食型	以切割的方式摄食丝状藻类的上部，对藻类附着基质影响较小
	食大型藻型	以大型藻类的组织为食
	领域看护型	具有领域性，驱赶其他植食性鱼类在其领地内摄食藻类，保护自己的食物资源

续表

一级功能类群	二级功能类群	描述
杂食性 （包含浮游食性）	日行浮游食型	以浮游生物为食，摄食活动一般在白天
	夜行浮游食型	以浮游生物为食，摄食活动一般在夜晚
	底栖杂食型	食性杂，藻类、底栖动物、鱼类、碎屑都有所摄食
肉食性	食鱼型	为珊瑚礁区的顶级捕食者，主要以其他鱼类为食
	一般肉食型	通常意义上的肉食性，不仅以其他鱼类为食，也会摄食无脊椎动物等
	食大型无脊椎动物型	以个体较大的无脊椎动物（体长 > 5 mm）为食
	食小型无脊椎动物型	以个体较小的无脊椎动物（体长 < 5 mm）为食
	食寄生虫型	即所谓的"鱼医生"，以其他鱼类体表的寄生虫为食

注：植食性鱼类主要摄食对象为大型藻类和礁石表生藻席（Epilithic Algal Matrix，EAM），EAM 是珊瑚礁初级生产力的主要来源，是珊瑚礁区特有且普遍存在的底质类型，成分复杂，主要以丝状藻类为主，另包含微生物、沉积物、有机碎屑及小型无脊椎动物等。

（1）珊瑚食性鱼类

以活珊瑚（珊瑚虫）为食的鱼类是健康珊瑚礁生态系统的重要组成部分，代表了物质与能量从珊瑚初级生产者向上层营养级流通的重要途径，也是珊瑚礁鱼类中最为绚丽多彩的一个类群。主要来自蝴蝶鱼科 Chaetodontidae，隆头鱼科 Labridae 和鹦嘴鱼科 Scaridae 等的部分种类。约 1/3 种类的珊瑚食性鱼类仅以珊瑚为食，而另外 2/3 种类的食物组成中珊瑚也占据了 80% 以上。

（2）植食性鱼类

以藻类等初级生产者为主要食物来源的鱼类被称为植食性鱼类，许多研究人员认为它们是珊瑚礁生态系统中最为重要的一类功能类群，是珊瑚礁食物网稳定结构的基石。植食性鱼类的摄食对象一般是大型藻类和礁石表生藻席（EAM）。EAM 通常会在珊瑚退化后，覆盖死亡珊瑚的表面，可占据珊瑚礁基底面积的 30% ~ 80%，是珊瑚退化后的主要替代底质类型之一。

（3）肉食性鱼类

肉食性鱼类为珊瑚礁区的顶级捕食者，以其他动物（如鱼类、无脊椎动物等）为食，对上述动物的种群数量起到一定的下行控制作用。肉食性鱼类是珊瑚礁区物种多样性最高的一个类群，可能是因为珊瑚礁中多样的食物来源和复杂的生境结构。

目前，人们对珊瑚礁渔业资源的开发利用，主要集中于将肉食性鱼类作为优质食物蛋白质来源来获取。随着捕捞技术和市场需求的快速发展，对珊瑚礁鱼类的过度捕捞现象日益严重。调查发现，南沙珊瑚礁肉食性鱼类多为体长小于 20 cm 的小型鱼类，体长大于 50 cm 的鱼类少有发现。说明在过度捕捞与生境退化的双重压力下，南沙珊瑚礁区渔业资源出现小型化的趋势。

（4）杂食性鱼类

以植物性和动物性饵料为营养来源的鱼类被称为杂食性鱼类。由于浮游食性鱼类会摄食浮游植物和浮游动物，也具备上述特征，故将浮游食性鱼类归为杂食性类群。底栖杂食性鱼类的食物来源极其广泛，不仅包含各种动物性和植物性饵料，还包括各种碎屑、动物黏液、鱼类鳞片等，食物种类杂而广泛赋予该类群鱼类对生境变化较强的适应能力，分布不会受限于生境退化导致的食物资源短缺等问题。食物来源广泛的杂食性鱼类在某种程度上可能会对部分其他种类鱼类功能缺失起到一定的补偿作用。遗憾的是，由于该类群种类数和丰度均较低（可能是由于其食性宽泛而与其他鱼类存在激烈的竞争关系），该类群鱼类尚未引起足够的关注，也缺乏相关的研究和资料。

5.1.2 分类学特征

5.1.2.1 一般术语

珊瑚礁鱼类分类所需一般术语如图 5.3 所示。

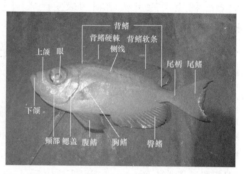

图 5.3 珊瑚礁鱼类分类一般术语

5.1.2.2 形态分类的基本依据

体型是鱼类最为明显的特征，一般常见的有圆形、卵圆形、椭圆形、侧扁形、延长形、纺锤形、箭形、鳗鱼形等（图 5.4）。根据体型特征我们就能大致将鱼类分类到科水平（如卵圆形的月鱼、箭形的管口鱼、极度侧扁的鲆类、流线型的鲨鱼、圆盘形的魟类等），然后再根据其他的具体特征如体色、头部及颊部、鳃盖骨、上颌、下颌、口、齿、鳞片、侧线、背鳍、胸鳍、腹鳍、臀鳍、脂鳍、尾柄、尾鳍等来进行更精确的分类。

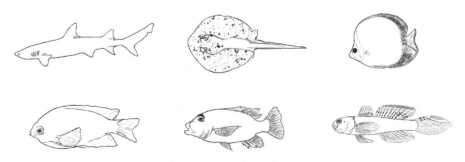

图 5.4　珊瑚礁部分鱼类体型示意图

5.1.3　珊瑚礁鱼类分类及代表种

根据珊瑚礁鱼类的丰度和出现频率，以下我们使用食性划分的不同功能类群来介绍常见的珊瑚礁鱼类。

5.1.3.1　常见肉食性鱼类

（1）灰三齿鲨 *Triaenodon obesus*（彩图 78）

形态特征：体型修长。体背侧灰褐色；腹侧白色。主要特征是第一背鳍和尾鳍上叶鳍尖为白色。最大体长 213 cm。

生活习性：栖息于沿岸水域、潟湖和向海礁区；栖息水深范围为 1～330 m；分布于印度洋—太平洋海域。白天在洞穴中或珊瑚礁石下休息，夜晚出来活动；主要以鱼类、章鱼、龙虾和蟹等底栖动物为食。性情温和但仍有攻击人的风险。

（2）黑斑条尾魟 *Taeniurops meyeni*（彩图 79）

形态特征：体盘圆形。体表有黑白相间的斑点。深而突出的腹侧皮肤褶皱延伸到尾尖。尾细长呈鞭状，尾部有 1 长毒刺。

生活习性：栖息生境广泛，从浅潟湖至外礁坡均有所分布；栖息水深范围为 1～500 m；分布于印度洋—西太平洋海区。以底栖鱼类、双壳类、蟹类和虾类为食。

（3）蓝斑条尾魟 *Taeniura lymma*（彩图 80）

形态特征：体盘圆形。体表有较大的亮蓝色斑点。尾部有蓝色的侧条纹，尾较粗，后逐渐变细，尾长不到体长的 2 倍。尾鳍宽而下端伸到尾尖。

生活习性：通常出现在珊瑚礁周边；栖息水深范围通常为 1～20 m；分布于印度洋—西太平洋海区。涨潮时成群地迁徙到浅沙区觅食软体动物、蠕虫、虾和蟹，在退潮时分散躲避在洞穴和礁坡下，很少发现藏于沙底。

（4）纳氏鹞鲼 *Aetobatus narinari*（彩图 81）

形态特征：体盘宽约为长的 2 倍，体盘上有白色斑点，腹部白色。吻长，弧形，钝圆，似鸭嘴。尾细长，无尾鳍，约为体盘长的4倍，尾刺有毒腺。

生活习性：近海底栖鱼类，常见于浅水近岸海域，有时进入河口；栖息水深范围为1～80 m；广泛分布于大西洋与太平洋的热带和暖温带海域。主要以贝类为食，能够利用板状齿挖掘泥沙中的贝类并磨碎，也食鱼、虾、蟹、章鱼等。

（5）灰鳍异大眼鲷 *Heteropriacanthus cruentatus*（彩图82）

形态特征：体呈椭圆形，侧扁而高，鲜红色或淡粉红色，体表散布有斑驳的大块红色斑块或条带。背鳍软鳍条；臀鳍和尾鳍上分布有黑褐色小斑点；腹鳍无斑点。

生活习性：肉食性礁栖鱼类，主要栖息于岛屿周围、潟湖和向海礁区；栖息水深范围为3～300 m，通常为3～35 m；广泛分布于全球热带及亚热带海域。夜行性；主要以头足类、虾、蟹、口足类、多毛类和小鱼为食。

（6）珍鲹 *Caranx ignobilis*（彩图83）

形态特征：体侧扁，尾柄细长，两侧具棱脊。头背部弯曲明显，头腹部几乎呈直线；体背蓝绿色，腹部银白色。各鳍淡色至淡黄色。体侧和鳃盖处无明显斑纹。

生活习性：肉食性礁栖鱼类，可生活于淡水、咸淡水和咸水中，幼鱼出现于近海浅水的沙底区域；栖息水深范围为10～188 m；分布于印度洋—太平洋海域。远洋性；主要在夜晚进食，以甲壳类和鱼类为食。

（7）黑尻鲹 *Caranx melampygus*（彩图84）

形态特征：体侧扁呈椭圆形，幼鱼体银灰色；胸鳍淡黄色，其余各鳍淡色或暗灰色。成鱼体背部蓝灰色，腹部银白色，头部和体侧上半部有蓝黑色小点。

生活习性：肉食性礁栖鱼类，可生活于淡水、咸淡水和咸水中，幼鱼出现于近海浅水的沙底区域；栖息水深范围为0～190 m；分布于印度洋—太平洋海域。单独活动；好奇心强，常靠近潜水员；主要以鱼类和甲壳类为食。

（8）细鳞圆鲹 *Decapterus macarellus*（彩图85）

形态特征：体细长，椭圆形，稍扁。体色蓝绿色，腹部银白色。口小；上颌后端截形、前倾，上颌无齿；下颌不延伸至眼部以下。尾鳍黄绿色；背鳍上部有时深色，并有1小的黑色眼斑。

生活习性：杂食性大洋性鱼类，成鱼喜欢水质清澈的海域，经常在岛屿周围出没；栖息水深范围为0～400 m，通常为40～200 m；广泛分布于全球暖水海域。主要以浮游动物为食。

（9）金带齿颌鲷 *Gnathodentex aureolineatus*（彩图86）

形态特征：体呈椭圆形，稍侧扁。体背暗红褐色，具有多条点线状的银色纵纹；下方体侧银色至灰色，有若干金黄色至橘褐色纵纹。背鳍后方基部有1大黄斑；各鳍透明边缘淡红色。

生活习性：肉食性礁栖鱼类，栖息于礁滩、潟湖和向海礁区；栖息水深范围为3～30 m；分布于印度洋—太平洋海域。单独或成群出现；夜行性；以蟹类、腹足类等底栖无脊椎动物为食，偶尔以小鱼为食。

（10）黄点裸颊鲷 *Lethrinus erythracanthus*（彩图87）

形态特征：体背暗灰至褐色，散布有较多不明显的深色或淡色斑点，有时在体侧下半部有淡色的不规则纵纹。头部褐色或灰色，颊部有橘色斑点。胸鳍和腹鳍白色至橘红色；背鳍和臀鳍橘色和蓝色交杂；尾鳍为鲜亮的橘色。

生活习性：肉食性礁栖鱼类，栖息于水深较深的潟湖和水道、外礁坡及其邻近沙底区域；栖息水深范围为15～120 m；分布于印度洋—太平洋海域。白天一般独居于岩壁或洞穴中或周边区域；以棘皮动物、甲壳动物、软体动物、海百合和海星为食。

（11）红裸颊鲷 *Lethrinus rubrioperculatus*（彩图88）

形态特征：体色为橄榄灰或棕色，体表散布不规则的黑色小斑点。鳃盖上缘通常有1红色斑点。嘴唇通常为红色。鳍苍白色或略带粉色。

生活习性：肉食性礁栖鱼类，出现于外礁坡附近的沙底和碎石底区域；栖息水深范围为10～198 m；分布于印度洋—太平洋海域。主要以甲壳类、鱼类、棘皮类和软体动物为食。

（12）斑胡椒鲷 *Plectorhinchus chaetodonoides*（彩图89）

形态特征：幼鱼与成鱼体色差异大。幼鱼体呈褐色，体表有大块白色斑块。成鱼全身灰色，腹部颜色逐渐变淡，体表密布黑褐色斑点。

生活习性：肉食性礁栖鱼类，栖息于珊瑚丰富且水质清澈潟湖和向海礁区；栖息水深范围为1～30 m；分布于印度洋海域。白天单独出现在岩壁或洞穴下面，夜晚出来捕食，以甲壳类、软体动物和鱼类为食；幼鱼通过身体的左右摇摆来拟态有毒海蛞蝓，避免被其他捕食者捕食。

（13）叉尾鲷 *Aphareus furca*（彩图90）

形态特征：体呈纺锤形。体背蓝灰色，体侧浅蓝紫色并带有黄色光泽，鳃盖边缘黑色。背鳍、腹鳍和臀鳍鲜黄色至黄褐色；胸鳍淡黄色；尾鳍暗褐色，边缘黄色。

生活习性：肉食性礁栖鱼类，成鱼生活于近海的珊瑚礁和岩礁及水质清澈的潟湖中；栖息水深范围为1～122 m；分布于印度洋—太平洋海域。单独或成群出现；生性好奇，易与人接近；主要以鱼类为食，也吃甲壳类。

（14）白斑笛鲷 *Lutjanus bohar*（彩图91）

形态特征：体呈红褐色，背部颜色较深且沿背部有2白色斑点。吻端稍尖。头背部轮廓呈弧形弯曲。眼间距较宽，其宽度通常大于眼径。从鼻孔至眼前部有 1 深沟。奇鳍和腹鳍外缘颜色较深。

生活习性：肉食性礁栖鱼类，能生活于海洋、淡水和咸淡水水域，成鱼栖息于珊瑚礁区，包括潟湖和外礁坡的隐蔽处；栖息水深范围为 4 ~ 180 m，通常为 10 ~ 70 m；分布于印度洋—太平洋海域。通常单独出现；主要以鱼类为食，也吃虾、蟹、端足类、口足类、腹足类和尾索动物。

（15）隆背笛鲷 *Lutjanus gibbus*（彩图 92）

形态特征：成鱼体呈鲜红色，和其他笛鲷不同，该种头上方背部隆起明显，呈陡直状。幼鱼体呈浅灰色，上有多条细带；背鳍软鳍条基部斜向尾柄下缘有明显的黑色斑块，尾鳍末缘为黄色。

生活习性：肉食性礁栖鱼类，成鱼主要栖息于珊瑚礁区，幼鱼主要出现于海草床上，也出现于珊瑚和沙混合底质的浅水礁区；栖息水深范围为 1 ~ 150 m；分布于印度洋—太平洋海域。白天活动较少，常一大群聚集在礁区巡游；主要以鱼类和无脊椎动物为食，如虾、蟹、口足类、头足类和棘皮动物等。

（16）四带笛鲷 *Lutjanus kasmira*（彩图 93）

形态特征：体呈椭圆形。体鲜黄色，腹部微红；体侧具 4 蓝色纵带。鳃盖边缘黑色。各鳍黄色，背鳍与尾鳍边缘为黑色。

生活习性：肉食性礁栖鱼类，成鱼生活于近海的珊瑚礁和岩礁及水质清澈的潟湖中；栖息水深范围为 3 ~ 265 m，通常为 30 ~ 150 m；分布于印度洋—太平洋海域。

单独或成群出现；生性好奇，易与人接近；主要以鱼类、虾、蟹、甲壳类为食，也吃多种藻类。

（17）黑带鳞鳍梅鲷 *Pterocaesio tile*（彩图 94）

形态特征：体呈纺锤形。侧线平直；以鳞片中心的侧线为分界，上半部为蓝绿色，边缘黑色，下半部的 1/3 为白色至粉红色，夜间体侧下半部变为鲜红色。各鳍红色；尾鳍下半部有黑色条带。

生活习性：杂食性礁栖鱼类，广泛分布于珊瑚礁周围，幼鱼偶尔大量出现于潟湖和礁滩的浅水区域；栖息水深范围为 1 ~ 60 m；分布于印度洋—太平洋海域。白天大量聚集并在珊瑚礁区快速巡游，以水体中层的浮游动物为食，夜间藏于礁石隐蔽处。

（18）六角石斑鱼 *Epinephelus hexagonatus*（彩图 95）

形态特征：体表密布棕色六边形，且六边形各角有小而明显的三角形白点。沿背鳍基部到尾柄有 4 ~ 6 深色斑块。

生活习性：礁栖鱼类，在暴露的外礁相对较浅区域较为常见；栖息水深范围为 0 ~ 30 m；广泛分布于印度洋—西太平洋海域。善于伪装，一般单独出现；以鱼类和甲壳类为食。

（19）蜂巢石斑鱼 *Epinephelus merra*（彩图96）

形态特征：身体各部包括鳍均密布有圆形至六边形暗斑，暗斑之间缝隙连成网状。体侧有5暗斜纹，宽度为2~3暗斑。

生活习性：礁栖鱼类，在潟湖和半封闭向海礁区浅水区非常常见；栖息水深范围为0~50 m；广泛分布于印度洋—太平洋海域。以甲壳类和鱼类为食。

（20）斑点九棘鲈 *Cephalopholis argus*（彩图97）

形态特征：体色深棕色，头部、体侧及各鳍均散布有黑边的蓝色斑点；体后半部有5~6淡色条纹。有时胸鳍基部以下也有大块的淡色区域；背鳍硬棘顶端有橙色至金黄色三角形斑；背鳍、臀鳍的软鳍条部分和尾鳍边缘白色。

生活习性：礁栖鱼类，各种珊瑚礁生境中均有所分布；栖息水深范围为1~40 m，通常为1~15 m；广泛分布于印度洋—太平洋海域。主要以鱼类为食，偶食甲壳类。

（21）尾纹九棘鲈 *Cephalopholis urodeta*（彩图98）

形态特征：体呈深红色至红褐色，体后半部颜色暗。头部及体侧具有许多小的橘红色斑点或斑驳。特征为尾鳍上有1对呈对角线的白色斜纹，斜纹外围红色，边缘白色。

生活习性：礁栖鱼类，栖息于外礁区清澈、浅水区域，在浅水区域更喜欢健康的珊瑚礁区域，因此受珊瑚礁退化的影响很大；栖息水深范围为1~60 m，通常为3~15 m；分布于印度洋—太平洋海域。单独出现；以小鱼和甲壳类为食。

（22）多带副绯鲤 *Parupeneus multifasciatus*（彩图99）

形态特征：体呈灰色至红色，鳞片边缘通常为黄色。靠近尾柄有1黑色宽横纹，在第二背鳍下方也有1黑色横纹，两横纹之间的区域颜色泛白。第一背鳍和第二背鳍之间的下方也常有1暗色横带，有时身体前半部也有1~2暗色横带；尾鳍淡黄色至粉红色，上有窄的蓝色纵纹。

生活习性：肉食性礁栖鱼类，通常出现于沙地，也栖息于礁滩和浅潟湖的碎石区或珊瑚基部；栖息水深范围为3~161 m；分布于太平洋海域。白天以小型蟹类和虾类为食，也吃雀鲷鱼卵、软体动物和有孔虫。

（23）黄镊口鱼 *Forcipiger flavissimus*（彩图100）

形态特征：体高而侧扁。体呈黄色，头部上半部即眼下缘至背鳍、胸鳍基部为黑褐色，头部下半部为略带蓝色的银白色。吻部极长而延伸成管状。背鳍、腹鳍和臀鳍黄色；背鳍和臀鳍的软鳍条部分具淡蓝色边缘；臀鳍软鳍条靠近尾柄部有1黑色斑点；胸鳍和尾鳍颜色较淡。

生活习性：肉食性礁栖鱼类，常见于向海的礁区，但有时也见于潟湖内的礁区；栖息水深范围为 2 ~ 145 m；分布于印度洋—太平洋海域。通常单独或最多形成 5 个个体的小群体，成鱼一般成对；食性较杂，以各种动物为食，包括鱼卵、小型甲壳类等，偏向于摄食棘皮动物的管足、多毛类的触须等。

（24）中华管口鱼 *Aulostomus chinensis*（彩图 101）

形态特征：体延长，稍侧扁。体色变化大。吻突出呈管状，侧扁。口小，斜裂。尾鳍圆形。

生活习性：肉食性礁栖鱼类，主要栖息于珊瑚礁区；栖息水深范围为 3 ~ 122 m；分布于印度洋—太平洋海域。以小型鱼类与虾类为食，行动迟缓，倒立隐藏于软珊瑚、大型藻类或柳珊瑚中，通过体色变化，与周围环境融为一体，躲避捕食者，也通过此种方法垂直游动到猎物附近捕食。

（25）凹吻鲆 *Bothus mancus*（彩图 102）

形态特征：体长椭圆形，极纵扁。双眼同位于体左侧，眼侧有深色边的浅色斑点和许多分散的小黑点。通常在侧线上有 3 深色斑块或斑点。背鳍和臀鳍有纵向排列、间隔宽的黑点。盲侧乳黄色。

生活习性：肉食性礁栖鱼类，通常栖息珊瑚礁浅水区的沙底；栖息水深范围为 3 ~ 150 m；分布于印度洋—太平洋海域。底栖夜行性；以鱼、蟹、虾为食。

（26）豆点裸胸鳝 *Gymnothorax favagineus*（彩图 103）

形态特征：体长，体表无鳞。口大，齿多，无舌。鳃孔小，圆形或水平裂缝样。无胸鳍。体色呈白色或灰白色，体表有黑色斑点，密集程度及形状不规则且个体差异大，往往与其生长阶段及所处生境有关。

生活习性：咸水、咸淡水肉食性礁栖鱼类，主要栖息于珊瑚礁或岩礁的洞穴或缝隙中；栖息水深范围为 1 ~ 50 m；分布于印度洋—太平洋海域。主要以鱼类和头足类为食，大的个体可能具有攻击性；栖息的洞穴附近常见清洁鱼类或虾类，为其清除体表或口中的寄生虫等。

（27）金鳍稀棘鳚 *Meiacanthus atrodorsalis*（彩图 104）

形态特征：头及体前部深蓝色，越往后越浅，体后半为黄色。主要特征为眼部有 1 蓝边黑色条带，并延伸至背鳍基部。背鳍鲜黄色。成熟雄鱼的尾鳍上下鳍条延长呈丝状。

生活习性：肉食性礁栖鱼类，成鱼发现于潟湖和向海礁区 30 m 深的涌浪区；栖息水深范围为 1 ~ 30 m；分布于西太平洋海域。单独或成对出现；以浮游动物和小型底栖无脊椎动物为食。

（28）镰鱼 *Zanclus cornutus*（彩图 105）

形态特征：体侧扁呈盘状，体呈白色至黄色。头部在眼前缘至胸鳍基部后具极宽的黑色区域，体后端另具 1 黑色横带，其后有 1 白色细横带。吻部突出呈管状，吻上方具 1 三角形镶黑斑的黄色斑块，吻背部黑色。眼上方具 2 白纹。背鳍延长呈丝状；胸鳍基部下方具 1 环状白纹；腹鳍和尾鳍黑色，具白色边缘。

生活习性：肉食性礁栖鱼类，栖息于潟湖、礁滩和向海礁区；栖息水深范围为 3 ~ 182 m，通常为 5 ~ 182 m；广泛分布于印度洋—太平洋海域。成鱼单独、成对出现，偶尔成群；以小型带壳的动物为食。

5.1.3.2 常见杂食性鱼类

（1）黑带长鳍天竺鲷 *Taeniamia zosterophora*（彩图 106）

形态特征：体长，长椭圆形。通常第二背鳍下方有 1 黑色的横带，但宽度随位置变化较大，有时很窄，甚至消失。主要特征是鳃盖上有 2 垂直的橙色条纹。

生活习性：杂食性礁栖鱼类，多成群聚集于枝状珊瑚的上方；栖息水深范围为 1 ~ 40 m，通常为 2 ~ 15 m；分布于西太平洋海域。夜行性，以浮游生物为食。

（2）狐蓝子鱼 *Siganus vulpinus*（彩图 107）

形态特征：头部中央有 1 白色火焰状纹路。鳃盖下方胸部为黑色。眼部后方体侧为白色，其余部分为黄色或橙黄色。背棘坚硬、有毒，从第一背棘基部至下颌有 1 黑色条带。

生活习性：杂食性礁栖鱼类，主要出现于珊瑚丰富（通常为鹿角珊瑚）的潟湖和向海礁区；栖息水深范围不超过 30 m，通常为 1 ~ 30 m；分布于西太平洋海域。有时有领域性，通常单独或成对出现；以生长在枝状珊瑚上的藻类为食。

（3）五带豆娘鱼 *Abudefduf vaigiensis*（彩图 108）

形态特征：体呈卵圆形，侧扁。体灰白至淡黄色，背部偏黄；体侧有 5 黑色横带。胸鳍基部上方有 1 小黑斑；尾鳍灰白色。

生活习性：杂食性礁栖鱼类，成鱼栖息于外礁斜坡和近海礁石的边缘上方；栖息水深范围为 1 ~ 15 m；广泛分布于印度洋—太平洋海域。通常聚集成群；以浮游动物、底栖藻类和小型无脊椎动物为食。

（4）克氏双锯鱼 *Amphiprion clarkii*（彩图 109）

形态特征：体呈黄褐色至黑色，体侧具 3 白色宽带。胸鳍及尾鳍淡色。雌鱼尾鳍叉形，末端角状；雄鱼尾鳍截形，末端尖。

生活习性：杂食性礁栖鱼类，主要栖息于潟湖和外礁坡；栖息水深范围为 1 ~ 60 m；分布于印度洋—西太平洋海域。和海葵共生，小群聚居生活，通常由 1 尾体型最大的雌鱼和体型次大的雄鱼构成主要成员，其余成员包括无生殖能力的成鱼和幼鱼；以藻类和浮游生物为食。

（5）眼斑双锯鱼 *Amphiprion ocellaris*（彩图 110）

形态特征：体呈橘红色，体侧具 3 白色宽带，分别位于眼后、身体中部和尾柄。各鳍橘红色，具黑边。

生活习性：杂食性礁栖鱼类，主要栖息于潟湖和珊瑚礁区；栖息水深范围为 1 ~ 15 m，通常为 3 ~ 15 m；分布于印度洋—西太平洋海域。和海葵共生，小群聚居生活，通常由 1 尾体型最大的雌鱼和体型次大的雄鱼构成主要成员，其余成员包括无生殖能力的成鱼和幼鱼；以藻类、鱼卵和浮游生物为食。

（6）圆尾金翅雀鲷 *Chrysiptera cyanea*（彩图 111）

形态特征：体呈浅蓝色。幼鱼和雌鱼在背鳍基底后有 1 黑色小斑点。雄鱼吻部和尾鳍为鲜黄色。背鳍基底无黑点。

生活习性：杂食性礁栖鱼类，栖息于水质清澈的潟湖隐蔽处、碎石和珊瑚中；栖息水深范围为 0 ~ 10 m；分布于印度洋—西太平洋海域。通常由 1 尾雄鱼和多尾雌鱼或幼鱼组成群体；以藻类、大洋被囊类和桡足类为食。

（7）斑点羽鳃笛鲷 *Macolor macularis*（彩图 112）

形态特征：口大，上颌延伸至眼前半部以下，在鳃盖下部边缘有缺刻。幼鱼体侧上半部黑色有白斑，下半部白色有 1 黑色条带，同时也有 1 黑色横带从眼部穿过；腹鳍窄长，随生长变宽变短。成鱼眼睛为黄色。

生活习性：杂食性礁栖鱼类，成鱼栖息于潟湖、沟壑或向海礁坡的陡峭处，幼鱼通常出现于有海百合、鹿角珊瑚或大型海绵提供保护的半封闭礁坡；栖息水深范围为 3 ~ 90 m；

分布于西太平洋海域。通常小群出现；主要在夜间以大型浮游动物为食。

（8）新月梅鲷 *Caesio lunaris*（彩图 113）

形态特征：体呈长纺锤形。体呈蓝色，腹部颜色略淡。臀鳍、胸鳍和腹鳍呈淡红色；尾鳍蓝色，末端黑色。

生活习性：杂食性礁栖鱼类，多发现于沿海海域，主要在珊瑚礁或附近区域，相对于潟湖，陡峭的礁坡位置更为常见；栖息水深范围为 0 ~ 50 m；分布于印度洋—西太平洋海域。通常在礁坡上方的中层区域聚集成群；以浮游动物为食。

（9）叉纹蝴蝶鱼 *Chaetodon auripes*（彩图 114）

形态特征：体呈黄褐色，体侧水平方向有多条暗色纵带；眼部有黑色眼带覆盖，眼带后有 1 白色横带。背鳍和臀鳍边缘黑色；尾鳍后半部具 1 黑色横带，其后为白色边缘。幼鱼背鳍软鳍条部分具黑色斑点。

生活习性：杂食性礁栖鱼类，栖息于有藻类和珊瑚的礁区；栖息水深范围 1 ~ 30 m；分布于西太平洋海域。单独或成群出现；主要以多毛类、甲壳类、腹足类等小型无脊椎动物和藻类为食。

（10）马夫鱼 *Heniochus acuminatus*（彩图 115）

形态特征：体高侧扁，头背部隆起。体呈银白色，体侧具 2 宽的黑色横带。两眼间有1黑色眼带。吻背面灰褐色。背鳍软鳍条部分及尾鳍为黄色；胸鳍基部和腹鳍黑色。

生活习性：杂食性礁栖鱼类，栖息于潟湖、水道和外礁坡的深水区域；栖息水深范围为2～178 m，通常为15～75 m；分布于印度洋—太平洋海域。幼鱼单独出现，成鱼通常成对出现；以浮游动物为食，有时也摄食礁石上附着的生物。

（11）大口线塘鳢 *Nemateleotris magnifica*（彩图116）

形态特征：体前半部白色，并逐渐过渡至体后半部的红色至红棕色。头部黄色。尾部暗棕色。第一背鳍延长如丝状。

生活习性：杂食性礁栖鱼类，栖息于外礁坡的上方区域；栖息水深范围为6～70 m，通常为6～28 m；分布于印度洋—太平洋海域。成对或成群出现；以浮游动物、桡足类和甲壳类幼体为食。

5.1.3.3　常见植食性鱼类

（1）银色蓝子鱼 *Siganus argenteus*（彩图117）

形态特征：体背缘和腹缘呈弧形。体背部略显蓝色，腹部银白色。头部后方及体侧遍布黄色小斑点。头小。吻尖突，但不呈管状。鳃盖后缘有1黑色短带。尾柄细长。背鳍单一，硬鳍条与软鳍条之间有1缺刻；背鳍与尾鳍黄色，臀鳍与腹鳍银色；胸鳍暗黄色；尾鳍深叉。

生活习性：植食性礁栖鱼类，栖息于向海礁区、内礁坡或潟湖中；栖息水深范围为1～40 m，通常为1～30 m；分布于印度洋—太平洋海域。通常成群活动；以底栖藻类为食。

（2）无斑金翅雀鲷 *Chrysiptera unimaculata*（彩图118）

形态特征：幼鱼体色偏黄，头背部自吻端有1蓝色条带延伸至背鳍硬棘基底后部，并连接1蓝边黑色斑点。成鱼体呈亮褐色，鳃盖上有1橙黄色斑点，有时不明显；背鳍基底后部有1黑色斑点；胸鳍黄色；其他各鳍褐色。

生活习性：植食性礁栖鱼类，成鱼单独或成小群栖息于沿岸的藻礁、碎石或以小群体的形式出现在沿海的藻礁区、碎石区或暴露于中度涌浪的开阔礁坪岩石上；栖息水深范围为0～3 m；分布于印度洋—西太平洋海域。

（3）显盘雀鲷 *Dischistodus perspicillatus*（彩图119）

形态特征：体呈白色至灰绿色。头部、背部中部、背鳍末端基部有2～3黑色或暗的斑点、鞍状斑或条纹。

生活习性：植食性礁栖鱼类，成鱼出现于浅水潟湖中、具有藻类或海草与沙混合底质的小片礁区；栖息水深范围为1～10 m；分布于印度洋—西太平洋海域。单独或小群出现，具有领域性。

（4）胸斑眶锯雀鲷 *Plectroglyphidodon fasciolatus*（彩图120）

形态特征：体色多变，灰白色至黄褐色，甚至完全黑色。鳞片边缘暗褐色，在体侧连成网格状。虹膜通常具有鲜亮的黄色。唇灰白色。各鳍灰色至暗褐色；胸鳍基底上缘具黑点。幼鱼的背鳍和臀鳍边缘通常为蓝色。

生活习性：植食性礁栖鱼类，成鱼栖息于暴露的、有轻度到中度海浪的岩石和珊瑚礁中，通常为丝状藻类覆盖的岩石和死珊瑚的区域；栖息水深范围为 1~30 m，通常为 1~5 m；分布于印度洋—太平洋海域。

（5）栉齿刺尾鱼 *Ctenochaetus striatus*（彩图 121）

形态特征：体呈椭圆形，侧扁。体暗褐色，体侧有许多蓝色波浪状纵线。口小，上、下颌排列分布刷毛状牙齿。头部及颈部具有橙色小斑点。幼鱼背鳍后端基部有黑点。

生活习性：植食性礁栖鱼类，常分布于礁区、近岸沿海、潟湖，栖息水深范围为 1~35 m，通常为 6~30 m；广泛分布于印度洋—太平洋海域。独行或群体，也常与其他鱼类共游；以微藻和碎屑为食，在珊瑚礁表面清洁方面发挥重要作用。

（6）横带刺尾鱼 *Acanthurus triostegus*（彩图 122）

形态特征：体呈灰绿色至黄绿色，腹部白色；体表有 5 黑色横纹，第一横纹从眼部贯穿，最后一横纹位于尾柄前方。各鳍淡色至黄绿色。尾柄上方具有 1 黑色鞍状斑，腹侧具 1 黑点，头部上方两眼中间至吻端有 1 黑色窄带。

生活习性：植食性礁栖鱼类，成鱼栖息于潟湖或具坚硬底质、靠海的礁区，幼鱼则在潮池中较多；栖息水深范围为 0~90 m；广泛分布于印度洋—太平洋海域。平时不聚集成群，觅食时聚集成群，以抵抗其他具有领域性植食性鱼类的攻击，产卵时也会集结成群；主要以丝状藻类为食。

（7）日本刺尾鱼 *Acanthurus japonicus*（彩图 123）

形态特征：体呈黑褐色。眼下方至吻上方具 1 白色宽斜带。背鳍和臀鳍基部各具有 1 黄色条带，背鳍后端软鳍条部分具有 1 鲜亮的橙色条纹；胸鳍基部黄色，其余为灰黑色；奇鳍边缘蓝色；尾鳍淡灰白色，上下边缘为淡蓝色。

生活习性：植食性礁栖鱼类，主要栖息于清澈的、向海的潟湖或礁区；栖息水深范围为 1~20 m，通常为 5~15 m；分布于印度洋—西太平洋海域。主要以丝状藻类为食。

（8）颊吻鼻鱼 *Naso lituratus*（彩图 124）

形态特征：体呈卵圆形而侧扁。体灰褐色。吻部上方至颈部为黑色。眼后方至上方具 1 黄色斑块。尾柄处有 2 盾状骨板，各有 1 龙骨突。背鳍黑色，沿着背部，基部有 1 浅蓝色的线纹，在柔软部分有块较宽的白色区域；臀鳍橙色。成年雄鱼尾鳍上下缘均具有尾随的细丝。

生活习性：植食性礁栖鱼类，常发现于潟湖和向海的珊瑚礁、岩石和碎石区域；栖息水深范围为 0~90 m，通常为 5~30 m；分布于印度洋—太平洋海域。主要以叶状褐藻为食，如马尾藻和网地藻。

（9）巴氏异齿鳚 *Ecsenius bathi*（彩图125）

形态特征：体色在性别之间有所差异。雌鱼头部黄色，体侧有黑色纵带。雄鱼头部橘红色，体侧有红褐色纵带。

生活习性：植食性礁栖鱼类，栖息于潮间带至10 m左右的珊瑚礁区；栖息水深范围为3~25 m；分布于太平洋中西部海域。单独或成小群出现，通常出现于海绵、被囊动物周围，或停歇于大型圆盘状珊瑚上；以藻类为食。

5.1.3.4　常见珊瑚食性鱼类

（1）丝蝴蝶鱼 *Chaetodon Auriga*（彩图126）

形态特征：体前部银白色至灰黄色，后部黄色；体侧前段上方有5长3短向后倾斜的暗带，而后端下方具有8~9向前倾斜的暗带，两种暗带彼此呈直角交汇。背鳍和臀鳍边缘黑色；尾鳍后端具有黑边的黄色横带。幼鱼和成鱼的背鳍软鳍条部分具有1黑色斑点，成鱼的软鳍条末端延长呈丝状。

生活习性：珊瑚食性礁栖鱼类，栖息区域较广，珊瑚覆盖率较高和较低区域均有所分布；栖息水深范围为1~60 m；分布于印度洋—太平洋海域。成对、单独或小群出现，以多毛类、海葵、珊瑚虫和藻类为食。

（2）华丽蝴蝶鱼 *Chaetodon ornatissimus*（彩图127）

形态特征：体白色至灰白色，头部、体背部和腹部为黄色；体侧有6橙色至黄褐色的斜带。头部有2带黄边的黑色条带，1横穿眼睛，1横穿鼻部。奇鳍具有黑色边缘；胸鳍和腹鳍黄色；尾鳍中间和末端各具有1黑色条带。

生活习性：珊瑚食性礁栖鱼类，栖息于潟湖和向海的珊瑚礁区；栖息水深范围为1~36 m；分布于印度洋—太平洋海域。通常成对或家族聚集生活，幼鱼聚集于枝状珊瑚芽间，受到惊吓时躲藏于珊瑚中；以珊瑚虫或珊瑚组织为食。

（3）密点蝴蝶鱼 *Chaetodon citrinellus*（彩图128）

形态特征：体呈鲜黄色至苍白色，体侧大多数鳞片各具有1蓝黑色点，形成10余点带状纵带。头部黑色眼带窄于眼带，眼带前后边缘为黄色。各鳍与体色一致，而臀鳍具黑色边缘。

生活习性：礁栖鱼类，通常栖息于礁滩、潟湖和向海礁区的浅水区，栖息环境多为有零星珊瑚分布的开阔区域；栖息水深范围为1~36 m；分布于印度洋—太平洋海域。

（4）珠蝴蝶鱼 *Chaetodon kleinii*（彩图129）

形态特征：体呈黄褐色至淡黄色；有2较宽的白色条纹横穿体侧，1从背脊起点附近穿过，1从背部中间穿过，另有1黑色条带垂直从眼部穿过，体两侧有多条点状的水平条纹。背鳍和臀鳍软鳍条后部具有黑色纹路及白色边缘；

腹鳍黑色；胸鳍淡色；尾鳍黄色边缘黑色。

生活习性：礁栖鱼类，出现于水深较深的潟湖、航道和向海的礁区；栖息水深范围为 4~61 m；分布于印度洋—太平洋海域。通常成对觅食，主要以软珊瑚、藻类和浮游动物为食。

5.2 珊瑚礁大型底栖无脊椎动物

5.2.1 概述及主要类群

5.2.1.1 概述

大型底栖无脊椎动物是指栖息在水底或附着在水生植物和石块上的肉眼可见的水生无脊椎动物。大型底栖无脊椎动物的群落结构同周围环境之间的关系十分密切，大部分底栖动物活动能力较弱，在环境条件发生变化时不能迅速逃离，因此更易受到环境的影响从而更加真实地反映环境对生物的影响效应，因此底栖动物的群落结构以及一些特殊种类也是重要的环境指示生物，如端足类动物对环境中石油类污染较为敏感，而多毛类对有机污染的耐受性较强，因此可以将两者的丰富度比值作为环境有机污染程度的指示。

大型底栖无脊椎动物也是珊瑚礁生态系统的重要组成部分，几乎包括已知的所有生物门类，并且参与造礁、物质能量传递、维护系统稳定等生态功能。它们丰度高、分布广，许多种类是具有重要的经济价值。据李新正和王永强（2002）的统计，我国西沙群岛和南沙群岛已报道的底栖生物分别有 1 570 种和 1 444 种。其中，具有食用价值的有龙虾、虾蛄、海胆、海参等；一些底栖动物如海绵、海葵等可用于提取具有抗癌、抗菌、止痛等功效的药用活性物质。

5.2.1.2 常见类群

根据各生物门类的丰度和出现频率，有以下几类是珊瑚礁中常见的类群（图 5.5）。

（1）软体动物

软体动物又称贝类，是海洋中已知种类最多、最常见的无脊椎动物类群。软体动物的物种数可占底栖生物群落的 38.85%，生物量可占 50.74%。据估计，全球范围内已被记录的软体动物超过 52 000 种，位居海洋无脊椎动物种类数之冠。珊瑚礁中的软体动物既包括在底表自由活动的石鳖、腹足类，也有固着于珊瑚礁表面的双壳类，同时还有一些具有钻孔能力、生活在珊瑚礁内部的侵蚀性种类，如石蛏和海笋。大部分软体动物都具有碳酸钙的外壳，属于造礁生物之列。海洋贝类在我国近海海洋生态系统中发挥了重要作用，而且很多种类是主要的海水养殖和捕捞对象，为国家的优质蛋白供给提供了重要的保障。近年来，随着贸易全球化的推进、全球气候变化的加剧、过度捕捞及人类活动导致的海洋环境的变化，我国海洋贝类物种多样性受到严重威胁，理解和认识海洋贝类多样性的要求日益迫切。

（2）节肢动物

节肢动物种类丰富程度仅次于软体动物，其中既包括作为顶级捕食者的口足类、中等体型的十足类，也有桡足类、端足类等体型微小的种类。身体是分节的，两侧对称，体外覆盖几丁质外骨骼，可以对身体起到支撑保护作用，但同时也限制了动物的生长，因此节肢动物进化出了独特的"蜕壳"现象。口足类利用其强有力的整足来捕食猎物，同时还能挖掘珊瑚礁石，形成腔洞。十足类包括真虾、真蟹、寄居蟹、瓷蟹以及龙虾等。热带珊瑚礁区的虾类以长臂虾科、叶颚虾科、鼓虾科及藻虾科的种类最为丰富，常与其他无脊椎动物共生。梯形蟹科与刺胞动物之间存在共生关系，在石珊瑚的分枝间活动，以珊瑚黏液、碎屑及珊瑚虫捕获的浮游动物为食。寄居蟹和瓷蟹是珊瑚礁歪尾目中最常见的类群。绝大多数寄居蟹是杂食性食碎屑者，但也有一些是吞噬珊瑚组织的种类。龙虾是杂食性食腐动物，但也会捕食海胆等猎物。

（3）棘皮动物

珊瑚礁区的棘皮类种类和丰度相对较丰富，据估计，生活于印度洋—太平洋珊瑚礁区的棘皮动物种类数高达1 500种。外表有星状、球状、圆筒状、杯状等，体型差异很大，一般具有刺状突起，常见种类有海星、海胆、海参、海蛇尾、海百合等。棘皮动物中的海胆主要以底栖藻类为食，在控制大型藻类丰度方面具有重要作用。然而当海胆大量出现时，其啃食作用也会对珊瑚礁造成破坏。臭名昭著的长棘海星以珊瑚为食。近年来，该物种在我国西沙群岛等多个珊瑚礁区多次暴发，对珊瑚礁资源造成了毁灭性的破坏。

（4）多孔动物

多孔动物即海绵动物，在所有珊瑚礁中都具有很高的物种多样性和生物量，如澳大利亚的大堡礁中栖息着超过1 000种海绵。珊瑚礁中的多孔动物门可分为钙质海绵纲和寻常海绵纲，其中寻常海绵纲的种类和丰度较为丰富。海绵为生活在其内部宽阔的腔洞结构中的生物提供了一个复杂的栖息和庇护环境。这些动物包括真虾、短尾类、瓷蟹、口足类、端足类、鱼类、双壳类、腹足类、环节动物、海葵、海参和海蛇尾等。在为其他种类生物提供栖息环境的同时，海绵还具有维持珊瑚礁物理结构稳定性的作用。

（5）环节动物

有近30个科的多毛类环节动物出现在珊瑚礁中，多毛类对珊瑚礁的最大影响表现为对珊瑚礁碳酸钙的生物腐蚀破坏，它们通过机械或化学作用嵌入礁体内部，形成管状腔洞。腔洞内的多毛类蠕虫死亡后，这些管状物会被海蛇尾及其他一些不形成栖管的多毛类等各种穴居动物所栖居。多毛类还能够影响石珊瑚的骨骼形态，包括增加珊瑚群体表面的褶皱、在凹陷处形成凹槽和导管、在大块的珊瑚群体表面形成分隔、形成分枝及形成圆锥形的生长。

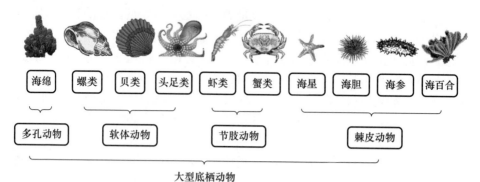

图 5.5 珊瑚礁常见的大型底栖动物及典型形态

5.2.2 软体动物

5.2.2.1 识别要点

软体动物不同种类彼此间形态差别很大，但体外大都覆盖有各式各样的贝壳，故通常又称之为贝类。其中贝壳的形态差异是区分不同螺类最简便的指标。图 5.6 展示了软体动物识别过程中一些关键术语。

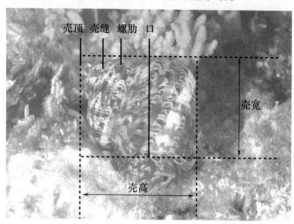

图 5.6 螺类识别的主要参数

5.2.2.2　代表种

（1）塔形马蹄螺 *Tectus pyramis*（彩图 130）

形态特征：壳长 6.3 cm，壳宽 6.8 cm。贝壳中型，正圆锥形。底面平，白色，较光滑，有一些同心的细螺纹与右旋细纹交叉。无脐孔。

生活习性：分布于广东以南沿海，主要生活于热带珊瑚礁和亚热带岩礁海域，栖息于潮下带上部，是南沙珊瑚礁区常见的底栖生物；也是南方沿海的重要经济贝类，个体较大，营养丰富，贝壳可做纽扣和装饰品，贝壳粉可入药或作为喷漆的调和物。作为植食性或碎屑食性生物，在去除珊瑚礁体表面的藻类和沉积物等方面具有积极的生态作用。

（2）鳞砗磲 *Tridacna squamosa*（彩图 131）

形态特征：壳长 13.7 cm，壳高 10.5 cm。贝壳大型。两壳大小相等，前后近等。壳顶位于背部中央，壳顶前方有 1 足丝孔。外韧带较长。具有 4～6 条强大的放射肋，肋上有宽而翘起的大鳞片，生长线细密。

生活习性：主要分布于海南和西沙群岛，在印度洋—太平洋其他礁区也有分布。栖息于潮间带珊瑚礁间，贝壳大部分埋入珊瑚礁内，存活时体内共生有虫黄藻，因此外套缘呈彩色，极为鲜艳美丽。虫黄藻可以借砗磲外套膜提供的方便条件，如空间、光线和代谢产物中的磷、氮和二氧化碳；鳞砗磲则可以利用虫黄藻生产的有机物。目前，其野外种群被列入《中国国家重点保护野生动物名录》二级。

（3）蝾螺 *Turbo petholatus*（彩图 132）

形态特征：壳厚，壳口宽阔，壳面可有珠状突、瘤突或肋纹。

生活习性：主要分布于海南南部、西沙群岛、南沙群岛，在印度洋—西太平洋热带海域其他礁区也有分布。栖息于潮间带至浅海岩礁间。贝壳可做装饰品。作为植食性或碎屑食性生物，在去除珊瑚礁体表面的藻类和沉积物等方面具有积极的生态作用。

（4）叶海牛 *Phyllidia varicosa*（彩图 133）

形态特征：体长 50～60 mm，最长可达 110 mm，身体长卵形。触角橘黄色。背上有许多淡蓝色疣突，疣突顶端为黄色，基部常相连成条状。腹足中央具有黑色条纹或虚线。

生活习性：主要分布于东海、南海。在印度洋—西太平洋其他浅海礁区也有分布。其背部具有许多疣突，疣突顶端具有鲜明的警戒色彩，向其掠食者警告它们具有毒性。叶海牛也通过把自己变难吃来保护自己，不同于其他"软"萌的海蛞蝓，它的身体充满了骨针，外套膜厚实、粗糙且坚硬，这些骨针的形态也是被作为分类依据。此外，它们还会分泌"难闻"的黏液，来降低捕食者的捕食欲望。主要以海绵为食，受惊扰时，会分泌白色有毒液体驱赶掠食者。

5.2.3　棘皮动物

5.2.3.1　识别要点

海百合酷似现代植物百合花，全世界现有620多种，身体主要部分包括腕、萼、茎3个部分（图5.7）。有柄海百合类的萼下有根茎，终生固着生活，即通过末端的吸盘固定在海洋的岩石、珊瑚礁上。无柄海百合类可以长期自由生活或短期固着生活，也称为海羊齿类或羽星类，它们既可以通过卷枝固定在礁石上，也可以脱离海底游动。萼上部有腕，海百合依靠腕上大量的羽枝捕获水中的浮游生物或其他悬浮有机物生存，腕的数量因种类不同而不等，最少的只有2条，最多的可达200多条。

图5.7　海百合识别的主要参数

海星为星形或五角形，身体扁平，五辐射对称，从身体中央向外延伸形成腕，腕数为5或5的倍数，多时可达50条，各腕能伸缩弯曲（图5.8）。海星的身体分为口面和反口面，贴在海底的一面称为口面，身体另一面为反口面，从口向每个腕伸出的沟为步带沟，内有2~4列管足用于捕获猎物和攀附岩礁，体表有突出的棘、瘤或疣等附属物。

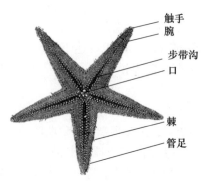

图5.8　海星识别的主要参数

海胆大多呈球形、半球形、心形等，无外伸的腕，表面的石灰质骨板紧密愈合互相嵌合成"壳"，壳上布满了许多能活动的棘刺，损伤后能快速再生，骨板上有许多小孔，管足从孔伸出，管足具吸盘（图5.9）。

图 5.9　海胆识别的主要参数

海参大多为长筒形，有前、后、背、腹之分，口在前端，肛门在后端，海参无腕，也无棘刺及棘钳，口周围有触手，消化道发达，开始于口，经过食道到肠管，肠管末端膨大形成泄殖腔，代谢废物从肛门排出（图5.10）。

图 5.10　海参识别的主要参数

5.2.3.2　代表种

（1）许氏大羽花 *Comanthina schlegeli*（彩图134）

形态特征：中背板为五角形或星形，很扁，与辐板齐平，或稍陷入其下面。是一种栉羽星，腕数量可多达200条，一般有160～190条。

生活习性：夜间活动，白天躲藏在礁岩缝隙中，通过细长腕部捕捉海流中的浮游生物颗粒物作为食物。幼体阶段浮游生活，成体阶段以柄固着在海底。

许氏大羽花可容纳十几种甲壳类和鱼类共同栖息，不同生物可占据不同部位，较多分布于澳洲北部、所罗门群岛、加罗林群岛和菲律宾等水深不超过 300 m 处。国内在海南岛三亚蜈支洲岛的浅海区、广东湛江徐闻珊瑚礁的浅海区等地区均有发现。

（2）长棘海星 *Acanthaster planci*（彩图 135）

形态特征：大小一般在 250～350 mm，最大超过 700 mm。腕 8～21 个，一般 13～15 个。表面布满细长尖锐棘刺，有毒。具长可弯曲的腕，腕部的管足上具吸盘。

生活习性：栖息于印度洋—西太平洋区的热带珊瑚礁环境，取食时依靠管足末端的吸盘吸附在猎物上，主要以珊瑚为食，如石珊瑚、鹿角珊瑚、滨珊瑚等，偶有时会以贝类或其他海参为食，研究发现平均 1 只棘冠海星 1 天可以吃掉约 2 m² 的珊瑚，因此当棘冠海星大量出现，会对珊瑚礁生态造成严重的破坏，即使人为切断海星腕部仍然可以长成完整个体。

（3）面包海星 *Culcita novaeguineae*（彩图 136）

形态特征：个体较大，体型较扁平，腕足明显且粗短，一般 5 只，与身体中央的体盘连成一团，区分不明显，成体为圆五角形，体厚胖。个体的颜色变异颇大，但主要以红、褐色为主，体表上会有许多末端为黄色的小突起，幼体为斑驳的浅绿色。

生活习性：分布于孟加拉湾、印度东部、澳大利亚北部、菲律宾群岛、日本南部、中国南部、南太平洋群岛和夏威夷群岛等海域。一般生活在水深 10 m 以内岛礁海岸，幼体栖息的水深较浅，偶尔在潮间带附近可以发现。主要以珊瑚虫的活组织为食，利用管足运动岛珊瑚上方后会把胃部盖在珊瑚上，把珊瑚虫吃掉，只留下白色的骨骼，平均 1 只面包海星 1 天能吃掉 1 m² 的珊瑚，因此在珊瑚礁区有分布。

（4）粒皮海星 *Choriaster granulatus*（彩图 137）

形态特征：个头较大，腕 5 个，盘高约 40 mm，腕基部宽约 45 mm。体型较肥胖，盘大而厚，腕粗短，几乎呈圆柱形。全体被有厚和柔软似革的皮肤，表面光滑，没有棘或疣，仅密生微小的颗粒。

生活习性：广泛分布于海南省、广东省、台湾省等海域。多出现在潜水的潟湖和海湾。其生活在海草较为丰富的浅海砂质底环境中，以藻类、死亡动物的碎屑、大法螺为食。

（5）白棘三列海胆 *Tripneustes gratilla*（彩图 138）

形态特征：个头较大，可以长到 10 cm 以上，棘刺参杂灰白色，在繁殖季节性成熟海胆的生殖腺非常发达，可膨大到充满整个体腔的绝大部分。各个生殖腺的末端均有 1 条很短的生殖导管，分别开口于相应生殖板上的生殖孔。

生活习性：广泛分布于海南省、广东省、台湾省等海域。多出现在潜水的潟湖和海湾。其生活在海草较为丰富的浅海砂质底环境中，以大型藻类和海草为食。是为数不多的热带可食用海胆之一，其生殖腺（俗称海胆黄）富含蛋白质和对人体有益的生理活性物质，海胆除有较高的食用价值外，还具有较高的药用价值，是一种具有很高经济和药用开发价值的海洋生物。

（6）蛇目白尼参 *Bohadschia argus*（彩图139）

形态特征：一般体长30~50 cm，背面为深灰色或灰白带黄色，有许多明显的蛇目状斑纹，斑纹周边有1黑色环，环内为黄色，中央有1黑点。口偏于腹面，具触手20个。腹面平坦，呈淡灰褐色，并密生很多排列不规则的管足。

生活习性：国内主要分布于台湾南部，海南岛南端，西沙群岛。国外主要分布于从塞舌尔群岛，斯里兰卡到日本（琉球群岛），东到塔希提岛，南到澳大利亚（北部）。以小生物为食，吞食海沙，然后消化吸收里面的有机颗粒。

5.2.4 节肢动物

5.2.4.1 识别要点

节肢动物身体分节、体外覆盖几丁质外骨骼，其体表颜色、花纹以及附肢形态是主要的鉴定参数（图5.11）。

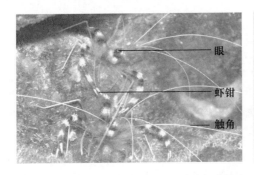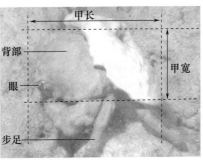

图5.11 虾类和蟹类识别的主要参数

5.2.4.2 代表种

（1）杂色龙虾 *Panulirus versicolor*（彩图140）

形态特征：身体细长，体长可至500 mm，头胸甲略呈圆筒状，头前部具4枚大刺。身体不同部位颜色有明显差别，头胸甲为黄绿色，眼上角和头胸部上面的硬棘带有黑色、白色和蓝色的花纹，腹部则呈现出明显的绿色，且每个腹节的边缘都长有带有蓝边的白色横带。龙虾的步足（龙脚）则带有明显的白色条纹。

生活习性：印度洋—西太平洋海域均有分布，自非洲东岸至日本、澳大利亚和波利尼西亚。台湾沿岸都有产。秋冬水冷时，移栖深海，春夏水暖时，会向浅海移动，属夜行性生物，常居住于礁岩缝间的洞穴之中。

（2）猬虾 *Stenopus hispidus*（彩图 141）

形态特征：体色鲜艳，体色红白相间，长度很少超过 7 cm，加上触须不会超过 14 cm，身上布满小刺，触角细长，颜色为白色，通常有夸张的大螯用于炫耀或威胁，螯脚 3 对，以第三对最大，第三对步足长且粗壮，雌性的体侧是紫色的，繁殖时透过半透明的外甲可看见绿色的生殖腺，可以作为区分雌雄个体的依据。

生活习性：广布于世界上大部分的热带珊瑚礁海域，从印度洋—太平洋到加勒比海都有，在一些温带地区也有分布。生活在 30 m 水深的低潮礁区。该虾领域性很强，喜欢打斗。它们会在珊瑚礁岩上建立"清洁站"，它们通过帮助周围的鱼类清理伤口或者清除体表的寄生物而获得大量营养物，又有"清洁虾"的美誉。

（3）兔足真寄居蟹 *Dardanus lagopodes*（彩图 142）

形态特征：额角短宽，头胸甲钙化完全，眼柄短粗，眼顶端有刺。第二触角鳞片很完善，鞭毛长且无刚毛。左螯大于右螯，腹肢不成对，尾节一般不对称。左螯和步足未覆盖鳞纹，螯肢深蓝色或棕色，末端是深红棕色，指节尖端白色。

生活习性：在东海、南海等海域均有分布，大多生活在潮间带至潮下带浅水区，底质为珊瑚，沙质和岩石底质。

（4）红斑梯形蟹 *Trapezia rufopunctata*（彩图 143）

形态特征：头胸甲一般宽大于长，个体较小，颜色艳丽，略呈扇形，有时近六角形或圆方形，额宽而短，第一触角横褶或斜褶，第二触角鞭细而短，螯足折于头胸甲前下方，内骨骼高度发达。

生活习性：原产于太平洋西部，包括中国（西沙群岛）、日本，以及夏威夷、斯里兰卡等地，野生于热带珊瑚礁海域的潮间带或沿岸浅水区，以滤食水中的藻类为食。作为珊瑚的共生蟹，主要生活在鹿角珊瑚的枝丛中，它们从珊瑚的触须上获得食物，像有机碎屑或者珊瑚分泌的黏液，作为回报，会与侵害珊瑚的捕猎者作战。在梯形蟹的保护和清理下，鹿角珊瑚会更加茁壮地生长。

（5）真绵蟹 *Dromia dormia*（彩图 144）

形态特征：头胸甲及螯足除指节外均具绒毛和长刚毛，螯足粗壮，长节呈三角形。头胸甲甚宽，背面甚隆，心沟及鳃沟浅，胃、心区具"H"形沟。真绵蟹是绵蟹科中最大的物种，雄性可达 20 cm。

生活习性：分布于南海及东海，日本、韩国、菲律宾、印度尼西亚、新喀里多尼亚、夏威夷群岛、马达加斯加、塞舌尔群岛、毛里求斯、非洲东岸及红海，生活在混有珊瑚和岩石的砂底区。体大，行动缓慢，通常携带1块海绵置于背部，可能具有毒性。

5.2.5　其他常见大型底栖动物

5.2.5.1　海绵动物

海绵动物是最原始的多细胞动物，6亿年前就已经生活在海洋里，现已发展到1万多种，分布在海洋的潮间带到8 500 m深海，营固着生活，滤食水中的有机颗粒。

（1）蜂海绵 *Haliclona* sp.（彩图145）

蜂海绵分布于印度洋—太平洋海域，属于表覆型海绵，多附着于岩石或死珊瑚表面。

（2）桶状海绵 *Xestospongia testudinaria*（彩图146）

桶状海绵分布于印度洋—太平洋海域，是世界上最大的海绵之一，高度可超过1 m，多生长于环礁的外礁坡处。

5.2.5.2　刺胞动物

刺胞动物又称腔肠动物，是具有消化腔的低等动物，在它们的吸口周围及肩板上含有1~3类刺细胞，是所有刺胞动物赖以捕食和御敌的武器。

（1）柏美羽螅 *Aglaophenia cupressina*（彩图147）

柏美羽螅是热带、亚热带的暖水种，在我国厦门、舟山群岛、青岛沿海的胶州湾皆有发现。羽螅的群体分枝成羽毛状、茅草状、灌木丛状或树状。有毒。

（2）平展列指海葵 *Stichodactyla mertensii*（彩图148）

平展列指海葵分布于印度洋—西太平洋区的热带珊瑚礁区，体型大，直径可达1 m以上。

5.2.5.3　环节动物

大旋鳃虫 *Spirobranchus giganteus*（彩图149）

大旋鳃虫的鳃羽有很多不同的颜色，但1个个体通常只有两种颜色出现。通常，鳃羽为螺旋状，看起来像圣诞树；身体藏在宿主珊瑚里。当收起鳃羽隐藏时，会用盖堵住管口。分布在全球的热带海洋，拥有完整的消化系统、神经系统、中央脑部及闭锁式的循环系统。

5.2.5.4　脊索动物

海鞘属脊索动物门，是尾索动物亚门的代表动物。全世界大概有1 200种海鞘，它们大都生活在温带和寒带海域，在珊瑚礁中也有多种存在，因分布地域的不同而形态各异，有的像茄子，有的像盛开的花朵，还有的像水壶，如小壶海鞘 *Atriolum robustum*（彩图150）、荔枝海鞘 *Oxycorynia fascicularis*（彩图

151）。海鞘小时候可以自由游动，成体营固着生活：海鞘出生几个小时后，身体的前端就会生长出小突起，并迅速吸附在岩石或者其他固定物体上。慢慢地，小海鞘的尾巴就会逐渐消失，神经管也退化到只剩下 1 个神经节。

5.3 珊瑚礁大型藻类

5.3.1 大型藻类概述

大型底栖藻类是生活在礁岩基质海岸带或岛礁生态系统中的重要生物类群，其所构成的生物群落对维持沿岸生态系统稳定有着重要的生态作用。大型藻类不仅是重要的海洋初级生产者，也能净化海水环境、为海洋动物提供栖息地和繁育场所等，并且还能减轻海水对海岸的侵蚀作用，为人类提供了大量工业、农业、医药、食品等可利用资源。

大型海藻种类繁多，形态多样，在分类上包括红藻、褐藻、绿藻和蓝藻四大门类。就外观而言，可以将它们分为两大类，即大型肉质藻类（fleshy macroalgae）和大型钙化藻类（calcified macroalgae）。目前，中国海藻区系可划分为 4 个小区，即黄海西区、东海西区、南海北区和南海南区，大型藻类物种数达到 1 277 种，其中蓝藻门 6 目 21 科 57 属 161 种、红藻门 15 目 40 科 169 属 607 种，褐藻门 11 目 24 科 80 属 250 种，绿藻门 11 目 21 科 48 属 211 种。

大型藻类的主要特征是构造简单，没有根、茎、叶的分化，藻体多为单细胞、群体或多细胞的叶状体，多以假根固着于各种基质表面。藻类生殖可分为有性和无性两种。无性生殖产生孢子，产生孢子的一种囊状结构的细胞叫孢子囊。孢子不需结合，一个孢子可长成一个新个体。有性生殖产生配子，产生配子的一种囊状结构细胞叫配子囊。在一般情况下，配子必须结合成为合子，由合子萌发长成新个体，或由合子产生孢子长成新个体。它们与生活于海水中的更高等的海草种类拥有完善的根、茎、叶、花、果实和种子结构特征具有根本的区别。

本书所涉及的大型藻类皆为海产大型底栖藻类的种类，并且内容主要关注珊瑚礁生态系统内的大型藻类。因此，本书中介绍的常见种类多分布于热带、亚热带海区，识别方法主要依据部分种类具有在水下能肉眼可见的特殊或典型的形态特征。

5.3.2 珊瑚礁常见大型藻类

5.3.2.1 红藻门 Rhodophyta

红藻是最古老的植物之一，全世界已有记载的约有 600 属 5 500 余种，其中我国已知 127 属 300 余种。因其藻体外表几乎呈鲜红色、紫色或玫瑰红色，故名红藻。藻体的外形多样，除少数是单细胞或群体外，绝大多数为多细胞体，其中有简单的单列细胞或多列细胞组成的丝状体，或由许多藻丝组成的圆柱状、亚圆柱状、叶状、囊状或壳状，分枝或不分枝的宏观藻体，其中有部分种类的落体钙化。藻体直立或匍匐，基部由假根状分枝丝体或多细胞盘状固着器固着于基质上。

红藻门的藻体一般较小，高约 10 cm，少数可超过 1 m。藻体有简单的丝状体，也有形成假薄壁组织的叶状体或枝状体。假薄壁组织的种类中，有单轴和多轴的两种类型：单轴型的藻体中央有一条轴丝，向各个方面分枝，侧枝互相密贴，形成"皮层"；多轴型的藻体中央有多条中轴丝组成髓，由髓向各方面发出侧枝，密贴成"皮层"。红藻的生长，多数是由一个半球形顶端细胞分裂的结果，少数为居间生长，很少见的是弥散式生长，如紫菜藻体，任何部位的细胞都可分裂生长。

红藻门种类多数分布于海水中，大多分布于潮间带岩石的背阴处、石缝或石沼中，也有少数喜生于暴露的风浪大的岩石上；大多数种类固着于岩石上或其他生长基质上，也有附生或寄生在其他藻体上。其生长与分布范围由潮间带一直延伸到 100 m 水深。一般认为，红藻包含有紫球藻目 Porphyridiales、红刺藻目 Rhodochaetales、弯枝藻目 Compsopogonales、红毛菜目 Bangiales、海索面目 Nemaliales、隐丝藻目 Cryptonemiales、杉藻目 Gigartinales、红皮藻目 Rhodymeniales、掌藻目 Palmariales、仙菜目 Ceramiales、串珠藻目 Batrachospermales、石花菜目 Gelidiales、柏桉藻目 Bonnemaisoniales 和珊瑚藻目 Corallinales。

珊瑚礁海域常见红藻种类介绍如下。

（1）紫杉状海门冬 Asparagopsis taxiformis（彩图 152）

生长于礁坪内到近礁缘处低潮线下 1~2 m 水深的礁石或碎珊瑚上。藻体直立，丛生，呈暗红褐色或紫红色，高为 6~12 cm，基部有分枝的匍匐茎，互相缠绕，从匍匐茎向下生长假根状的固着器，向上伸出圆柱状的直立藻体部分。藻体下部分枝很少或几乎裸露，上部则密被画笔状的短枝，长 1~3 cm，其上又生有 1~2 回的细密小枝。

（2）长乳节藻 Tricleocarpa cylindrical（彩图 153）

多见生长在低潮线岩石上或低潮线下水深 3~5 m 珊瑚礁上。藻体高 3~6 cm，下部具 1~1.5 cm 长的短柄，固着器盘状。短柄上有由假根状细胞组成的绒毛，其长可达 1 mm。枝圆柱状，光滑无毛，叉状分枝，具关节，节间高不超过 10 mm。藻体多呈红色至暗红色。

（3）耳壳藻 Peyssonnelia squamaria（彩图 154）

藻体多生长在潮间带岩石上。藻体匍匐，平卧于基质上，叶片肾形，径 2~

3 cm；藻体腹面有少量石灰质沉积；体表面光滑，具同心圆及放射状的凹凸，边缘全缘，干时有些反卷，成熟藻体由边缘纵裂成裂片，叶片腹面密生多细胞组成的单列假根，借以附着在基质上，有时许多假根密集在一起形成束状。藻体呈暗紫色，革质，轻度钙化。

（4）扁乳节藻 *Dichotomaria marginata*（彩图155）

藻体呈红色至暗橘红色，富含石灰质，直立，外观呈树丛状，具叉状分枝，为多轴型生长模式，高9～15 cm。基部具一短茎，为圆柱形，长约4 cm，直径约0.2 cm。藻体二叉分枝，呈扁平状，宽约0.2 cm，没有很明显的节跟节之间的区别，具有规则的节线于枝条表面，其边缘稍隆起较厚，且顶端约略呈白色，表面光滑，适度钙化。广泛分布于温暖海域的珊瑚礁海岸低潮线附近的礁石上。

（5）脆叉节藻 *Amphiroa fragilissima*（彩图156）

生长在低潮带岩石上或珊瑚礁石上。藻体粉红色，石灰质，直立丛生，粉红色至淡红色，高3～5 cm，规则的二叉状分枝，下部圆柱形，上部稍扁，末端的节片具有明显的横条纹。

（6）中叶藻 *Mesophyllum mesomorphum*（彩图157）

藻体钙化，壳状，为不规则的片状，呈紫红色，较薄，易碎，有覆瓦状重复或迂回曲折的波纹。喜生长于潮间带的珊瑚礁或岩石上。

（7）孔石藻 *Porolithon onkodes*（彩图158）

藻体钙化，呈皮壳状，黏固于基质上，粉红色至花白色。具有过度生长的能力，叶状体常较厚，或变成粗块状。此种类分布海域广泛，为参与珊瑚生物礁形成的主要种类。

（8）萨摩亚水石藻 *Hydrolithon samoense*（彩图159）

藻体钙化，粉红色或黄色，壳状，黏固于岩石上。表面近于光滑或有较低的隆起，最喜生长于中、低潮带的岩石上。

5.3.2.2　褐藻门 Phaeophyta

褐藻是一群古老的植物，在志留纪和泥盆纪的沉积物中，发现有类似海带植物的化石，最可靠的化石发现于三叠纪。藻体颜色取决于褐色的墨角藻黄素与绿色的叶绿素的比例，从暗褐色到橄榄绿色，故名。其叶状体内具有充气的气囊使光合部分浮于或接近水表，如海带目种类可凭此气囊构造协助藻体漂浮在海面上，内部组织则有表皮、皮层及髓部分化，体型普遍较为粗大，可长至60多米长，大量繁殖时可形成"海藻森林"，吸引无数海洋生物聚集，涵养丰富的海洋生物资源。

褐藻藻体基本上可分为三大类：第一类具有分枝的丝状体，有的分枝比较简单，有的分化为匍匐枝和直立枝的异丝体型；第二类由分枝的丝状体互相紧密结合，形成假薄壁组织；第三类为比较高级的类型，有组织分化的叶状体。有些种类以断裂方式进行营养繁殖；无性生殖产生游动孢子和不动孢子；有性生殖为同配、异配或卵式生殖；游动孢子和配子都具有侧生的两条不等长的鞭毛。

褐藻门大约有250属1 500种；我国海产的种类约80属250种；营附着生活，绝大部分种类生活在海水中，仅有几个稀见种生活于淡水中。褐藻分布于潮间带到低潮线下约30 m水深处，是构成海底森林的主要类群。褐藻种类多属于冷水性藻类，广泛生长、分布于世界各大洋温带和寒带海域中的低潮带和潮下带的岩石上。沿岸常见的海带、裙带菜和南海产的马尾藻都是重要的经济海藻，前者既是人工栽培的主要食用海藻，又是提取褐藻胶、甘露醇和碘的主要原料。

近年来，各国藻类学家对褐藻的分类单元的划分意见并不统一，但大多数藻类学者认为可根据褐藻种类的生活史类型、生长方式、藻体的构造、色素体是否含有蛋白核等特征划分为13个目：水云目 Ectocarpales、黑顶藻目 Sphacelariales、线翼藻目 Tilopteriales、索藻目 Chordariales、马鞭藻目 Cutileriales、毛头藻目 Sporochnales、网管藻目 Dictyosiphonales、萱藻目 Scytosiphonales、网地藻目 Dictyotales、酸藻目 Desmarestiales、海带目 Laminariales、墨角藻目 Fucales、德威藻目 Durvillaeales。

珊瑚礁海域常见褐藻种类介绍如下。

（1）海南喇叭藻 *Turbinaria ornate*（彩图160）

生长在低潮带，固着在岩石上。藻体褐色，可高达30 cm，直立枝单生或具分枝。叶状体大小不等，长为10~30 mm，宽为8~20 mm，比较粗糙，而且结实，也有一些比较疏松。叶柄圆柱形，长为5~10 mm。藻叶的上部膨大圆形或倒金字塔形，叶片全缘，叶片边缘伸展，较厚表面现为圆形，有时三角形，具有几个明显短刺，刺长为1~3 mm。

（2）花坛团扇藻 *Padina sanctae－crucis*（彩图161）

分布在热带、亚热带海域低潮带岩石上和石沼中。藻体褐色，高8~12 cm，稍厚，膜质，成体因不同程度钙化而呈灰白色，扇形，簇生，具有明显的同心毛线带，形成多层扇形叶片、短柄和固着器3部分。扇形叶片常分裂成几个同形的扇形裂片，边缘全缘而向下卷曲；扇形叶片上表面及下表面有毛，排成若干行同心纹层。

（3）匍扇藻 *Lobophora variegata*（彩图162）

广泛分布于热带和亚热带海域的珊瑚礁区域。藻体棕色，圆形包裹层和扇形叶状物或褶皱的蜗居或马铃薯片状。叶状体下面有一个毛毡状的表面，而顶部是光滑的。

（4）马尾藻 *Sargassum* sp.（彩图 163）

广泛分布于暖水和温水海域的中、低潮间带岩石上。藻体黄褐色，大多为大型、多年生，分为固着器和主干、分枝和藻叶几部分。主干呈现圆柱状，长短不一，向四周辐射其分枝；分枝扁平或者圆柱形。藻叶扁平，多数具毛窝。具气囊、单生、圆形、倒卵形或长圆形。

（5）网地藻 *Dictyota dichotoma*（彩图 164）

主要分布于亚热带和热带海洋以及温带高温的夏、秋两季，生长于低潮带石沼中和岩石上。藻体褐色，膜质，丛生。藻体分为固着器和叶片两部分。固着器盘状；叶片扁平，无柄，规则的二叉分枝，上部较宽。

（6）囊藻 *Colpomenia sinuosa*（彩图 165）

广布于温带、亚热带及热带海域。藻体中空、囊状，不规则球形、长筒形或纺锤形，长成后往往有不规则的纹裂。藻体黄褐色至暗褐色，生长于潮间带低潮线附近岩石上，或附生于其他藻体上。

5.3.2.3　绿藻门 Chlorophyta

绿藻门种类藻体内含叶绿素 a、叶绿素 b、β 胡萝卜素及几种叶黄素，具有与高等植物相同的色素和贮藏物质，即将能源转化为淀粉贮存于其色素体内，因此通常认为它们是陆地植物的祖先。绿藻通常在水体净化中起指示生物的作用。

绿藻门包含约 8 600 种，从两极到赤道，从高山到平地均有分布，大部分物种生活在淡水里，海水种类仅占 10%。另外，还有一些物种适应了许多环境，如雪藻生存于夏天的高山雪原中；其他还有依附于岩石或树木。一些地衣和真菌与绿藻有共生关系，有些种类也会和原生动物、海绵及刺胞动物等形成共生关系等。

绿藻的繁殖方式有 3 种。①营养繁殖：绝大多数单细胞种类进行细胞分裂形成新个体；丝状的或其他形状的藻体用藻体断裂分离的方式形成新个体。②无性生殖：这是绿藻门中最常见的生殖方式，藻体常产生动孢子，萌发形成新藻体；此外，还可以形成静孢子或厚壁孢子，许多孢子都要经过休眠，有些群体的种类所产生的静孢子与其母体十分相似（似亲孢子），然后组成新的群体。③有性生殖：通过配子的结合，形成合子，合子萌发形成新个体；配子结合的方式有：同配、异配和卵配 3 种，有的还可进行单性生殖；又因单细胞植物体、多细胞植物体、生殖结构是否被营养结构包被而有不同，还具有接合生殖等特有的生殖方式。

绿藻分类系统至今尚未达成一致，一般认同将绿藻划分为 16 个目，即团藻目 Volvocales、四孢藻目 Tetrasporales、绿球藻目 Chlorococcales、绿囊藻目 Chlorosarcinales、丝藻目 Ulotrichales、环藻目 Sphaeropleales、胶毛藻目 Chaetophorales、橘色藻目 Trentepohliales、鞘藻目 Oedogoniales、石莼目 Ulvales、刚毛藻目 Cladophorales、顶管藻目 Acrosiphoniales、双星藻目 Zygnematales、松藻目 Codiales、管枝藻目 Siphonocladales 和绒枝藻目 Dasycladales。

珊瑚礁海域常见绿藻种类介绍如下。

（1）总状蕨藻 *Caulerpa racemose*（彩图 166）

藻体鲜绿色，可分为假根状枝、匍匐茎和直立枝 3 部分。假根状枝生于匍匐茎上，向下附着于基质上；匍匐茎横走，蔓延达 1 m 以上；直立分枝具有葡萄状的外观，高 1 ~ 10 cm，有直径为 2 ~ 4 mm 的小枝，呈球形、近球形或棍棒状。

（2）网球藻 *Dictyosphaeria cavernosa*（彩图 167）

藻体颜色浅绿色至棕色，生长于中、低潮带至高潮线下 1 m 水深处的岩石和珊瑚礁石上。藻体中空，质硬，体型、颜色和大小都有很大的变化，从 3 ~ 5 mm 的球状、半球状或倒梨状体至 5 ~ 6 cm 长的裂叶状，常由藻体上部开裂成不规则盘状。

（3）球囊藻 *Ventricaria ventricosa*（彩图 168）

生长于中潮带到潮下 1 ~ 2 m 水深的珊珊礁上。藻体青绿色、灰绿色或绿色，呈泡囊状体，单独生长，很少相互聚集，藻体间不形成紧密的群集。泡囊状体多核，圆球状或梨形，直径可达 2 ~ 3 cm，长为 1.5 ~ 3.5 cm。

（4）石莼 *Ulva lactuca*（彩图 169）

广泛分布种。藻体黄绿色，长 10 ~ 30 cm，可达 40 cm。体近似卵形，呈不规则的片状，边缘常略有波状，或呈宽的叶片状。生长于海湾内，中潮带及低潮带的岩石上或石沼中。

（5）轴球藻 *Bornetella nitida*（彩图 170）

藻体亮绿色、棕红绿色，近圆柱形、棒状、稍弯曲，单生或成簇生活，藻体轻微钙化。高 0.5 ~ 5 cm，顶部直径 3.5 ~ 4 mm，基部直径 2 ~ 2.5 mm。常见于有中等强度海浪作用的潮下带上部至潮间带区域的岩石或珊瑚礁石上。

（6）大叶仙掌藻 *Halimeda macroloba*（彩图 171）

分布在热带海域中，为绿藻中的一类钙化藻，在全世界热带海域均有发现。藻体色泽呈黄绿色至深绿色，直立，密集呈丛堆状，高可达 20 cm。在同一平面呈叉状分枝，枝节重度钙化，扁平具分节，枝节外形为缎带状、卵圆形至耳朵状；节间部无钙化，扁平，直径约 1 cm 或更小，中央稍微隆起，呈圆盘状、卵形、肾形或半圆形等多种形状，分枝随意不规则。

5.3.2.4 蓝藻门 Cyanophyta

蓝藻是最简单的，也是最原始的光合自养植物类群。蓝藻种类分布范围很广，在淡水和海水中、潮湿和干旱的土壤和岩石上、树干和树叶以及温泉、冰雪，甚至在盐卤池、岩石缝等处都可生存，有些还可穿入钙质岩石或钙质皮壳中（如穿钙藻类）生活，具有极大的适应性。植物体或单细胞、或多细胞丝状群体。不具鞭毛，不产游动细胞的一部分丝状种类能伸缩或左右摆动。单细胞群体也通常通过藻丝和胶质鞘组成一种丝状体或多个细胞群体。在热带、亚热带的中性或微碱性环境中生长特别旺盛。蓝藻门的藻类多数属于害藻，容易在富营养化的水中大量暴发。

蓝藻一般含有丰富的蓝藻蛋白，光合作用产物最初形成糖类，可立刻转化为许多小球形或不规则的蓝藻淀粉（肝糖）和蓝藻粒（蛋白质性的物质），这种颗粒在细胞中的分布因种而异，有的规则，有的不规则，是分类上的主要依据之一。

法国学者斯塔尼尔等于 1971 年发现蓝藻在原核、细胞壁组成脂肪酸 DNA 碱基组成等特性上与细菌相似，提出蓝藻应命名为蓝细菌。这种分类法逐渐为微生物学家、生理生化学家等所采用。但是，蓝藻具有能以水作为电子来源进行光合作用放氧、低的内呼吸率、有限地利用有机物作为能源和碳源等能力，属于植物界的主要属性，与细菌属性相左，所以总体还是以蓝藻称谓比较妥当。因此，根据英国藻类学家弗里奇建议的分类系统，其种类可分为 1 门 1 纲 5 目，分别为：色球藻目 Chroococales、宽球藻目 Pleurocapsales、管孢藻目 Chamaesiphonales、念珠藻目 Nostocales、真枝藻目 Stigonemales，也有学者将颤藻目 Oscillatoriales 代替管孢藻目。

然而，在进行珊瑚礁生态系统内大型藻类现场调查时，仅依靠肉眼难以完成蓝藻种类现场识别，必须采样后，在实验室内做显微镜检测或辅以生子生物学手段进行种类鉴定，故本部分内容不再介绍。

参考文献

陈国宝，李永振，陈新军，2007. 南海主要珊瑚礁水域的鱼类物种多样性研究 ［J］. 生物多样性，15：373 – 381.

代血娇，张俊，陈作志，2021. 珊瑚礁鱼类多样性及保护研究进展 ［J］. 生态学杂志，40 (9)：2 996 – 3 006.

戴昌凤，郑有容，2021. 台湾珊瑚全图鉴（上）：石珊瑚 ［M］. 台北：猫头鹰出版社.

方宏达，时小军，2019. 南沙群岛珊瑚图鉴 ［M］. 青岛：中国海洋大学出版社.

傅亮，2014. 中国南海西南中沙群岛珊瑚礁鱼类图谱 ［M］. 北京：中信出版社.

甘玉青，肖传桃，张斌，2009. 国内外生物礁油气勘探现状与我国南海生物礁油气勘探前景 ［J］. 海相油气地质，14 (1)：16 – 20.

高永利，黄晖，练健生，等，2014. 西沙群岛礁栖鱼类物种多样性及其食性特征 ［J］. 生物多样性，22：618 – 623.

何炜，武强，2009. 应用分散剂控制水面溢油污染的环境影响分析及建议 ［J］. 环境污染与防治，31 (5)：90 – 93.

黄晖，2018. 西沙群岛珊瑚礁生物图册 ［M］. 北京：科学出版社.

黄晖，陈竹，黄林韬，2021a. 中国珊瑚礁状况报告（2010—2019）［M］. 北京：海洋出版社.

黄晖，江雷，袁涛，等，2021b. 南沙群岛造礁石珊瑚 ［M］. 北京：科学出版社.

黄晖，杨剑辉，董志军，2013. 南沙群岛渚碧礁珊瑚礁生物图册 ［M］. 北京：海洋出版社.

黄晖，杨剑辉，江雷，等，2018. 西沙群岛珊瑚礁生物图册 ［M］. 北京：科学出版社.

黄晖，张成龙，杨剑辉，等，2012. 南沙群岛渚碧礁海域造礁石珊瑚群落特征 ［J］. 应用海洋学学报，31：79 – 84.

江志坚，黄小平，2009. 珊瑚虫 – 虫黄藻共生系统碳循环研究的若干进展 ［J］. 海洋科学进展，27 (1)：112 – 120.

李琪，孔令锋，郑小东，2019. 中国近海软体动物图志 ［M］. 北京：科学出版社.

李新正，王永强，2002. 南沙群岛与西沙群岛及其邻近海域海洋底栖生物种类对比 ［J］. 海洋科学集刊，00：74 – 79.

李永振，史赟荣，艾红，等，2011. 南海珊瑚礁海域鱼类分类多样性大尺度分布格局 ［J］. 中国水产科学，18：619 – 628.

梁鑫，彭在清，2018. 广西涠洲岛珊瑚礁海域水质环境变化研究与评价 ［J］. 海洋开发与管理，35：114 – 119.

廖芝衡，2021. 南海珊瑚群落和底栖海藻的空间分布特征及其生态影响 ［D］. 南宁：广西大学.

刘瑞玉，2008. 中国海洋生物名录 ［M］. 北京：科学出版社.

刘胜，林先智，张黎，等，2020. 南沙群岛珊瑚礁鱼类生态图册 [M]. 北京：科学出版社.

吕向立，2019. 南沙群岛珊瑚礁鱼类图鉴 [M]. 青岛：中国海洋大学出版社.

罗勇，俞晓磊，黄晖，2021. 悬浮物对造礁石珊瑚营养方式的影响及其适应性研究进展 [J]. 生态学报，41（21）：8 331 – 8 340.

马彩华，游奎，李凤岐，等，2006. 南海鱼类生物多样性与区系分布 [J]. 中国海洋大学学报（自然科学版），36：665 – 670.

沈国英，施并章，1996. 海洋生态学（第二版）[M]. 厦门：厦门大学出版社：105 – 109.

孙有方，江雷，雷新明，等，2020. 海洋酸化、暖化对两种鹿角珊瑚幼虫附着及幼体存活的影响 [J]. 海洋学报，42（4）：96 – 103.

孙有方，雷新明，练健生，等，2018. 三亚珊瑚礁保护区珊瑚礁生态系统现状及其健康状况评价 [J]. 生物多样性，26（3）：46 – 53.

唐议，杨浩然，张燕雪丹，2022.《生物多样性公约》下我国珊瑚礁养护履约进程与改善建议 [J]. 生物多样性，30（2）：158 – 168.

王力，王鑫，蔡凯旋，等，2021. 生物礁油气分布特征及勘探前景 [J]. 内蒙古石油化工，47（7）：117 – 121.

王丽荣，赵焕庭，2001. 珊瑚礁生态系的一般特点 [J]. 生态学杂志，(6)：41 – 45.

王腾，刘永，全秋梅，2022. 七连屿珊瑚礁鱼类种类组成特征分析 [J]. 中国水产科学，29（1）：102 – 117.

王文欢，2017. 近30年来北部湾涠洲岛造礁石珊瑚群落演变及影响因素 [D]. 南宁：广西大学.

王志金，陈世悦，马帅，等，2017. 柴达木盆地东北缘石炭系生物礁发育特征及其地质意义 [J]. 沉积学报，35（6）：1 177 – 1 185.

吴莹莹，雷新明，黄晖，等，2021. 南海典型珊瑚礁生态系统健康评价方法研究 [J]. 热带海洋学报，40（4）：84 – 97.

严宏强，余克服，谭烨辉，2009. 珊瑚礁区碳循环研究进展 [J]. 生态学报，29（11）：6 207 – 6 215.

余克服，2018. 珊瑚礁科学论述 [M]. 北京：科学出版社.

张培军，2004. 海洋生物学 [M]. 济南：山东教育出版社.

张乔民，2001. 我国热带生物海岸的现状及生态系统的修复与重建 [J]. 海洋与湖沼，32（4）：454 – 464.

张乔民，施祺，陈刚，等，2006. 海南三亚鹿回头珊瑚岸礁监测与健康评估 [J]. 科学通报，S3：71 – 77.

张志楠，2021. 南海造礁石珊瑚营养方式的属种间、空间差异及其生态意义 [D]. 南宁：广西大学.

赵焕庭，1998. 中国现代珊瑚礁研究 [J]. 世界科技研究与发展，(4)：98 – 105.

赵焕庭，王丽荣，2016. 珊瑚礁形成机制研究综述 [J]. 热带地理，36（1）：1 – 9.

赵美霞，余克服，张乔民，2006. 珊瑚礁区的生物多样性及其生态功能 [J]. 生态学报，(1)：186 – 194.

赵卫东, 2000. 南沙珊瑚礁生态系的营养动力学过程 [D]. 青岛: 中国科学院海洋研究所.

郑新庆, 张涵, 陈彬, 2021. 珊瑚礁生态修复效果评价指标体系研究进展 [J]. 应用海洋学学报, 40 (1): 126 - 141.

周祖光, 2004. 海南珊瑚礁的现状与保护对策 [J]. 海洋开发与管理, (6): 48 - 51.

邹仁林, 2001. 中国动物志·造礁石珊瑚·腔肠动物门·珊瑚虫纲·石珊瑚目 [M]. 北京: 科学出版社.

邹仁林, 宋善文, 马江虎, 1975. 海南浅水造礁石珊瑚 [M]. 北京: 科学出版社.

ABRAR M, ARYONO T, ULUMUDDIN Y, et al., 2019. Long - term monitoring of coral reef condition at Abang Islands and around area, Batam Islands, Kepulauan Riau, Indonesia [J]. AIP Conference Proceedings, 2120 (1): 040016.

ALBRIGHT R, MASONB, MILLER M, et al., 2020. Ocean acidification compromises recruitment success of the threatened Caribbean coral Acropora palmata [J]. Proceedings of the National Academy of Sciences of the United States of America, 107 (47): 20 400 - 20 404.

ALIAN M S, 2002. Nutrient enrichment on coral reefs: Is it a major cause of coral reef decline? [J]. Estuaries, 4: 743 - 766.

BAKER V J, BASS D K, CHRISTIE C A, et al., 1990. Manta tow surveys of the Great Barrier Reef [J]. Coral Reefs, 9 (3): 104 - 104.

BASS D, MILLER I, 2003. Crown - of - thorns starfish and coral surveys using the manta tow and scuba search techniques [M]. Townsville: Australian Institute of Marine Science.

BATCHU S R, QUINETE N, PANDITI VR, et al., 2013. Online solid phase extraction liquid chromatography tandem mass spectrometry (SPE - LC - MS/MS) method for the determination of sucralose in reclaimed and drinking waters and its photo degradation in natural waters from South Florida [J]. Chemistry Central Journal, 7: 141.

BAUER - CIVIELLO A, LODERJ, HAMANN M, 2018. Using citizen science data to assess the difference in marine debris loads on reefs in Queensland, Australia [J]. Marine Pollution Bulletin, 135: 458 - 465.

BAYRAKTAROV E, PIZARRO V, WILd C, 2014. Spatial and temporal variability of water quality in the coral reefs of Tayrona National Natural Park, Colombian Caribbean [J]. Environment Monitoring and Assessment, 186: 3 641 - 3 659.

BELL P R F, 1992. Eutrophication and coral reefs—some examples in the Great Barrier Reef lagoon [J]. Water Research, 26: 553 - 568.

BELL P R, ELMETRI I, LAPOINTE B E, 2014. Evidence of large - scale chronic eutrophication in the Great Barrier Reef: quantification of chlorophyll a thresholds for sustaining coral reef communities [J]. Ambio, 43: 361 - 376.

BENZONI F, ARRIGONI R, WAHEED Z, STEFANIF, et al., 2014. Phylogenetic relationships and revision of the genus Blastomussa (Cnidaria: Anthozoa: Scleractinia) with description of a new species [J]. Raffles Bulletin of Zoology, 62: 358 - 378.

BERKELMANS R, JONES A M, SCHAFFELKE B, 2012. Salinity thresholds of *Acropora* spp. on the Great Barrier Reef [J]. Coral Reefs, 31: 1 103 – 1 110.

BOILARD A, DUBÉ C E, GRUETC, 2020. Defining coral bleaching as a microbial dysbiosis within the coral holobiont [J]. Microorganisms, 8 (11): 1 682.

BOURNE D G, AINSWORTH T D, POLLOCK F J, 2015. Towards a better understanding of white syndromes and their causes on Indo – Pacific coral reefs [J]. Coral Reefs, 34 (1): 233 – 242.

BRANDL S J, RASHER D B, COTE I M, et al. , 2019. Coral reef ecosystem functioning: Eight core processes and the role of biodiversity [J]. Frontiers in Ecology and the Environment, 17 (8): 445 – 454.

BUDD A F, FUKAMI H, SMITH ND, et al. , 2012. Taxo – nomic classification of the reef coral family Mussidae (Cnidaria: Anthozoa: Scleractinia) [J]. Zoological Journal of the Linnean Society, 166: 465 – 529.

CANTO M M, FABRICIUS K E, LOGAN M, et al. , 2021. A benthic light index of water quality in the Great Barrier Reef, Australia [J]. Marine Pollution Bulletin, 169: 112539.

CHEN C A, ODORICO D M, TENLOHUISM, et al. , 1995. Systematic relationships within the Anthozoa (Cnidaria: Anthozoa) using the 5′ – end of the 28S rDNA [J]. Molecular Phylogenetics and Evolution, 4: 175 – 183.

CONNELL J H, 1978. Diversity in tropical rain forests and coral reefs [J]. Science, 199: 1 302 – 1 310.

COOPER T F, RIDD P V, ULSTRUP K E, et al. , 2008. Temporal dynamics in coral bioindicators for water quality on coastal coral reefs of the Great Barrier Reef [J]. Marine and Freshwater Research, 59: 703 – 716.

DAI C F, HORNG S, 2009a. Scleractinia fauna of Taiwan. I. The Complex Group [M]. Taiwan University, Taipei.

DAI C F, HORNG S, 2009b. Scleractinia fauna of Taiwan. II. The Robust Group [M]. Taiwan University, Taipei.

DE'ATH G, FABRICIUS K E, 2008. Water quality of the Great Barrier Reef: distributions, effects on reef biota and trigger values for the protection of ecosystem health. Final Report to the Great Barrier Reef Marine Park Authority [M]. Townsville: Australian Institute of Marine Science: 104.

DE'ATH G, FABRICIUS K E, 2010. Water quality as a regional driver of coral biodiversity and macroalgae on the Great Barrier Reef [J]. Ecological Applications, 20: 840 – 850.

DONE T J, OGDEN J C, WIEBE W J, 1996. Biodiversity and ecosystem function of coral reefs [J]. American Astronomical Society, 41: 470.

DONE T, ROELFSEMA C, HARVEY A, et al. , 2017. Reliability and utility of citizen science reef monitoring data collected by Reef Check Australia, 2002 – 2015 [J]. Marine Pollution Bulletin, 117 (1 – 2): 148 – 155.

DULVY N K, STANWELL – SMITH D, DARWALL W R T, et al. , 1995. Coral mining at Mafia

Island, Tanzania: a management dilemma [J]. Ambio A Journal of the Human Environment. 24 (6): 358 – 370.

EDDY T D, LAM V WY, REYGONDEAU G, et al. , 2021. Global decline in capacity of coral reefs to provide ecosystem services [J]. One Earth, 4: 1 278 – 1 285.

ENOCHS I C, MANZELLO D P, DONHAM E M, 2015. Shift from coral to macroalgae dominance on a volcanically acidified reef [J]. Nature Climate Change, 5 (12): 1 083 – 1 088.

FERRIGNO F, BIANCHI C N, LASAGNA R, et al. , 2016. Corals in high diversity reefs resist human impact [J]. Ecological Indicators, 70: 106 – 113.

FUKAMI H, CHEN C A, BUDD A F, et al. , 2008. Mitochondrial and nuclear genes suggest that stony corals are monophyletic but most families of stony corals are not (Order Scleractinia, Class Anthozoa, Phylum Cnidaria) [J]. PLoS One, 3: e3222.

GATTUSO J P, GENTILI B, DUARTE C M, et al. , 2006. Light availability in the coastal ocean: impact on the distribution of benthic photosynthetic organisms and their contribution to primary production [J]. Biogeosciences, 3: 489 – 513.

GOREAU T J, HODGSONG, 1997. Reef Check: Complete Agreement [J]. Science, 277 (5328): 883 – 887.

GOREAU T, LANG J, GRAHAM E, et al. , 1972. Structure and Ecology of the Saipan Reefs in Relation to Predation by *Acanthaster Planci* (Linnaeus) [J]. Bulletin of Marine Science, 22: 113 – 152.

GREEN A L, MOUS P J, 2008. Delineating the coral triangle, its ecoregions and functional seascapes, Version 5. 0. TNC Coral Triangle Program Report 1/08 [M]. Washington: The Nature Conservancy: 44.

GUAN Y, HOHN S, MERICO A, 2015. Suitable environmental ranges for potential coral reef habitats in the tropical ocean [J]. PLoS One, 10: e0128831.

GUAN Y, HOHN S, WILDC, et al. , 2020. Vulnerability of global coral reef habitat suitability to ocean warming, acidification and eutrophication [J]. Global Change Biology, 26: 5 646 – 5 660.

HAAS A F, SMITH J E, THOMPSON M, et al. , 2014. Effects of reduced dissolved oxygen concentrations on physiology and fluorescence of hermatypic corals and benthic algae [J]. Peer J, 2: e235.

HARRISON P L, 2011. Sexual reproduction of scleractinian corals. Coral Reefs: An Ecosystem in Transition [M]. Dordrecht: Springer: 59 – 85.

HEDLEY J, ROELFSEMA C, CHOLLETT I, et al. , 2016. Remote sensing of coral reefs for monitoring and management: A review [J]. Remote Sensing, 8 (2): 1 – 40.

HOUK P, CASTRO F, MCINNIS A, et al. , 2022. Nutrient thresholds to protect water quality, coral reefs, and nearshore fisheries [J]. Marine Pollution Bulletin, 184: 114144.

HOUK P, COMEROS – RAYNAL M, LAWRENCEA, et al. , 2020. Nutrient thresholds to protect water quality and coral reefs [J]. Marine Pollution Bulletin, 159: 111451.

HUGHES D J, ALDERDICE R, COONEY C, 2020. Coral reef survival under accelerating ocean deoxygenation [J]. Nature Climate Change, 10 (4): 296 – 307.

HUGHES T P, KERRY J T, BAIRD A H, 2019. Global warming impairs stock – recruitment dynamics of corals [J]. Nature, 568 (7752): 387 – 390.

HUGHES T P, KERRY J T, BAIRD A H, et al. , 2018. Global warming transforms coral reef assemblages [J]. Nature, 556: 492 – 496.

HYDE J, CHEN S Y, CHELLIAH A, 2013. Five years of reef check monitoring data for Tioman, Perhentian and Redang island [J]. Malaysian Journal of Science, 32 (3): 117 – 126.

JIANG L, HUANG H, YUANX C, et al. , 2015. Effects of elevated pCO$_2$ on the post – settlement development of *Pocillopora damicornis* [J]. Journal of Experimental Marine Biology and Ecology, 473: 169 – 175.

JORDAN I E, SAMWAYS M J, 2001. Recent changes in coral assemblages of a South African coral reef, with recommendations for long – term monitoring [J]. Biodiversity and Conservation, 10 (7): 1 027 – 1 037.

KIRKPATRICK G J, ORRICO C, MOLINEM A, et al. , 2003. Continuous hyperspectral absorption measurements of colored dissolved organic material in aquatic systems [J]. Applied Optices, 42: 6 564 – 6 568.

KITAHARA MV, FUKAMI H, BENZONI F, et al. , 2016. The new systematics of Scleractinia: Integrating molecular and morphological evidence. In: The Cnidaria, Past, Present and Future (eds Goffredo S, Dubinsky Z) [M]. Berlin: Springer: 41 – 59.

KNOWLTON N, 2001. Coral Reef Biodiversity – Habitat Size Matters [J]. Science, 292 (5521): 1 493 – 1 495.

KUNZMANN A, 2004. Corals, fishermen and tourists [J]. Naga, 27 (1 – 2): 15 – 19.

LEUJAK W, ORMOND R F G, 2007. Comparative accuracy and efficiency of six coral community survey methods [J]. Journal of Experimental Marine Biology and Ecology, 351 (1 – 2): 168 – 187.

LI X B, HUANG H, LIAN J S, et al. , 2013. Spatial and temporal variations in sediment accumulation and their impacts on coral communities in the Sanya Coral Reef Reserve, Hainan, China [J]. Deep – Sea Research Part II, 96: 88 – 96.

LI Z Y, 2019. Symbiotic Microbiomes of Coral Reefs Sponges and Corals [M]. Dordrecht: Springer. MA (Millennium Ecosystem Assessment), 2005. Ecosystems and human well – being. Washington, DC: Island Press.

LIRMAN D, SCHOPMEYER S, MANZELLO D, et al. , 2011. Severe 2010 cold – water event caused unprecedented mortality to corals of the Florida reef tract and reversed previous survivorship patterns [J]. PLoS ONE, 6: e23047.

LUO Y, HUANG L, LEI X, et al. , 2022. Light availability regulated by particulate organic matter affects coral assemblages on a turbid fringing reef [J]. Marine Environmental Research, 177: 105613.

MACNEIL M A, MELLIN C, MATTHEWS S, et al. , 2019. Water quality mediates resilience on the Great Barrier Reef [J]. Nature Ecology and Evolution, 3: 620 – 627.

MANDERSON T, LI J, DUDEK N, et al. , 2017. Robotic coral reef health assessment using automated image analysis [J]. Journal of Field Robotics, 34 (1): 170 – 187.

MASLIN M, LOUIS S, GODARY DEJEAN K, et al. , 2021. Underwater robots provide similar fish biodiversity assessments as divers on coral reefs [J]. Remote Sensing in Ecology and Conservation, 7 (4): 567 – 578.

MCMANUS L, VASCONCELOS V, LEVIN S, 2020. Extreme temperature events will drive coral decline in the Coral Triangle [J]. Global Change Biology, 26: 2 120 – 2 133.

MENG P J, LEE H J, WANG J T, et al. , 2008. A long – term survey on anthropogenic impacts to the water quality of coral reefs, southern Taiwan [J]. Environmental Pollution, 156: 67 – 75.

MILLER I, MÜLLER R, 1999. Validity and reproducibility of benthic cover estimates made during broadscale surveys of coral reefs by manta tow [J]. Coral Reefs, 18 (4): 353 – 356.

MORAN P, DE'ATH G, 1992. Suitability of the manta tow technique for estimating relative and absolute abundances of crown – of – thorns starfish (*Acanthaster planci* L.) and corals [J]. Marine and Freshwater Research, 43 (2): 357.

MOTTA P, HABEGGER M L, LANG A, et al. , 2012. Scale morphology and flexibility in the shortfin mako isurus oxyrinchus and the blacktip shark carcarhinus limbatus [J]. Journal of Morphology, 273: 1 096 – 1 110.

MUIR P R, WALLACE C C, DONET, et al. , 2015. Coral reefs: Limited scope for latitudinal extension of reef corals [J]. Science, 348: 1 135 – 1 138.

MUTTLAK H A, SADOOGHI – ALVANDIS M, 1993. A note on the Line Intercept Sampling Method [J]. Biometrics, 49 (4): 1 209.

NARCHI N E, PRICE L L, 2015. Ethnobiology of Corals and coral reef [M]. Berlin: Springer.

NOCERINO E, MENNA F, GRUEN A, et al. , 2020. Coral reef monitoring by scuba divers using underwater photogrammetry and geodetic surveying [J]. Remote Sensing, 12 (18): 3 036.

OBURA D O, AEBY G, AMORNTHAMMARONG N, et al. , 2019. Coral reef monitoring, reef assessment technologies, and ecosystem – based management [J]. Frontiers in Marine Science, 6: 580.

POLLARD J H, PALKA D, BUCKLANDS T, 2002. Adaptive line transect sampling [J]. Biometrics, 58 (4): 862 – 870.

REAKA – KUDLA M L, 1997. The global biodiversity of corm reefs: a comparison with rain forests [J]. Biodiversity II: Understanding and protecting our biological resources, 83 – 108.

ROBERTS T E, BRIDGE T C, CALEY M J, et al. , 2016. The Point Count Transect Method for estimates of biodiversity on coral reefs: Improving the sampling of rare species [J]. PLoS ONE, 11 (3): e0152335.

ROGERS C S, 1990. Responses of coral reefs and reef organisms to sedimentation [J]. Marine Ecology Progress Series, 62: 185 – 202.

ROMANO S L, PALUMBI S R, 1996. Evolution of scleractinian corals inferred from molecular systematics [J]. Science, 271: 640 – 642.

ROTJAN R D, SHARP K H, CAUTHIER A E, 2019. Patterns, dynamics and consequences of microplastic ingestion by the temperate coral, *Astrangia poculata* [J]. Proceedings Biological Sciences, 286 (1905): 20190726.

SCIENCE A, GRASSHOFF K, KREMLING K, et al., 1999. Methods of seawater analysis (3rd edition) [M]. New York: VCH Publishers.

SHAFIR S, VAN RIJN J, RINKEVICH B, 2007. Short and long term toxicity of crude oil and oil dispersants to two representative coral species [J]. Environmental Science & Technology, 41 (15): 5 571 – 5 574.

SHEPPARD C, DAVY S, PILLING G, 2017. The biology of coral reefs [D]. Oxford: Oxford University Press.

SILVERMAN J, LAZAR B, CAOL, et al., 2009. Coral reefs may start dissolving when atmospheric CO_2 doubles [J]. Geophysical Research Letters, 36: L05606.

SOUTER D, PLANES S, WICQUART J, 2021. Status of Coral Reefs of the World: 2020 [M]. Townsville: Australian Institute of Marine Science.

SPALDING M, RAVILIOUS C, GREEN E P, 2001. World atlas of coral reefs [M]. Oakland: University of California Press.

SUAREZ – CASTRO A F, BEYER H L, KUEMPEL CD, et al., 2021. Global forest restoration opportunities to foster coral reef conservation [J]. Global Change Biology, 27 (20): 5 238 – 5 252.

SULLY S, HODGSON G, VAN WOESIK R, 2022. Present and future bright and dark spots for coral reefs through climate change [J]. Global Change Biology, 28 (15): 4 509 – 4 522.

SUN Y, HUANG L, MCCOOK L J, HUANG H, 2022. Joint protection of a crucial reef ecosystem [J]. Science, 377: 1 163.

TEIXEIRA C D, CHIROQUE – SOLANO P M, RIBEIROF V, et al., 2021. Decadal (2006 – 2018) dynamics of Southwestern Atlantic's largest turbid zone reefs [J]. PLoS One, 16: e0247111.

TURICCHIA E, PONTI M, ROSSI G, et al., 2021. The Reef Check Mediterranean Underwater Coastal Environment Monitoring Protocol [J]. Frontiers in Marine Science, 8: 620368.

VAN WOESIK R, VAN WOESIK K, VAN WOESIK L, et al., 2013. Effects of ocean acidification on the dissolution rates of reef – coral skeletons [J]. Peer J, 1: e208.

VERON J EN, 1995. Corals in Space and Time: The biogeography and evolution of the Scleractinia [M]. New York: Cornell University Press.

WALLACE CC, 1999. Staghorn Corals of the World: A Revision of the Genus Acropora [M]. Melbourne: CSIRO Publishing.

WEBSTER N S, UTHICKE S, BOTTÉ E S, 2013. Ocean acidification reduces induction of coral settlement by crustose coralline algae [J]. Global Change Biology, 19 (1): 303 – 315.

WELLS J W, 1956. Scleractinia. In: Treatise on Invertebrate Paleontology, Part F: Coelenterata (ed. Moore RC) [M]. Lawrence: Geological Society of America and University of Kansas Press: F328 – F444.

WEST K M, STAT M, HARVEY E S, et al., 2020. eDNA metabarcoding survey reveals fine –

scale coral reef community variation across a remote, tropical island ecosystem [J]. Molecular Ecology, 29 (6): 1 069 – 1 086.

WHITALL D R, BRICKER S B, COXD, et al. , 2019. Southeast Florida Reef Tract Water Quality Assessment [M]. NOAA Technical Memoradum NOS NCCOS 271. Silver Spring 116 pages.

WILLIAMS I D, BAUM J K, HEENAN A, 2015. Human, oceanographic and habitat drivers of central and western Pacific coral reef fish assemblages [J]. PLoS One, 10 (4): e0120516.

WONG C W, DUPREY N N, BAKERD M, 2017. New Insights on the Nitrogen Footprint of a Coastal Megalopolis from Coral – Hosted Symbiodinium delta (15) N [J]. Environmental Science and Technology, 51: 1 981 – 1 987.

WU S H, ZHANG W J, 2012. Current status, crisis and conservation of coral reef ecosystems in China [J]. Proceedings of the International Academy of Ecology and Environmental Sciences, (2): 1 – 11.

ZHANG Q, SHI Q, CHEN G, et al. , 2006. Status monitoring and health assessment of Luhuitou fringing reef of Sanya, Hainan, China [J]. Chinese Science Bulletin, 51 (S2): 81 – 88.

ZWEIFLER A, O'LEARY M, MORGANK, et al. , 2021. Turbid Coral Reefs: Past, Present and Future – A Review [J]. Diversity, 13: 251.

珊瑚礁常见生物彩图

彩图 1 多孔鹿角珊瑚 *Acropora millepora*

彩图 2 两叉鹿角珊瑚 *Acropora divaricate*

彩图 3 次生鹿角珊瑚 *Acropora subglabra*

彩图 4 花鹿角珊瑚 *Acropora florida*

彩图 5　丑鹿角珊瑚 *Acropora horrida*

彩图 6　粗野鹿角珊瑚 *Acropora humilis*

彩图 7　风信子鹿角珊瑚 *Acropora hyacinthus*

彩图 8　细枝鹿角珊瑚 *Acropora nana*

彩图 9　颗粒鹿角珊瑚 *Acropora granulosa*

彩图 10　美丽鹿角珊瑚 *Acropora muricata*

彩图 11　鹿角珊瑚 *Acropora nasuta*

彩图 12　壮实鹿角珊瑚 *Acropora robusta*

彩图 13　简单鹿角珊瑚 *Acropora austera*

彩图 14　柔枝鹿角珊瑚 *Acropora tenuis*

彩图 15　小丛鹿角珊瑚 *Acropora verweyi*

彩图 16　福贝假鹿角珊瑚 *Anacropora forbesi*

彩图 17　卡氏穴孔珊瑚
Alveopora catalai

彩图 18　松枝同孔珊瑚
Isopora brueggemanni

彩图 19　多星孔珊瑚
Astreopora myriophthalma

彩图 20　叶状蔷薇珊瑚
Montipora foliosa

彩图 21　斯氏伯孔珊瑚
Bernardpora stutchburyi

彩图 22　柱形角孔珊瑚
Goniopora columna

彩图 23　澄黄滨珊瑚
Porites lutea

彩图 24　西沙珊瑚
Coeloseris mayeri

彩图 25　加德纹珊瑚
Gardineroseris planulata

彩图 26　环薄层珊瑚
Leptoseris explanata

彩图 27　叶状厚丝珊瑚
Pachyseris foliosa

彩图 28　易变牡丹珊瑚
Pavona varians

彩图 29　丛生盔形珊瑚
Galaxea fascicularis

彩图 30　联合真叶珊瑚
Euphyllia cristata

彩图 31　肾形纹叶珊瑚
Fimbriaphyllia ancora

彩图 32　皱纹陀螺珊瑚
Turbinaria mesenterina

隔片6个，稍突出，呈星状

彩图 33　多枝帛星珊瑚
Palauastrea ramose

珊瑚杯旁边杆状刺突

彩图 34　罩胄柱群珊瑚
Stylocoeniella guentheri

彩图 35　疣状杯形珊瑚
Pocillopora verrucose

珊瑚杯沿分枝纵向排成列

彩图 36　箭排孔珊瑚
Seriatopora hystrix

珊瑚杯有罩

彩图 37　柱状珊瑚
Stylophora pistillata

彩图 38　刺梳石芝珊瑚
Ctenactis echinate

彩图 39　摩卡圆饼珊瑚
Cycloseris mokai

彩图 40　多刺石芝珊瑚
Danafungia horrida

彩图 41　石芝珊瑚
Fungia fungites

彩图 42　小帽状珊瑚
Halomitra pileus

彩图 43　辐石芝珊瑚
Heliofungia actiniformis

彩图 44　绕石珊瑚
Herpolitha limax

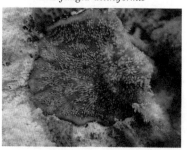

彩图 45　波形石叶珊瑚
Lithophyllon undulatum

彩图 46　楯形叶芝珊瑚
Lobactis scutaria

彩图 47　波莫特侧石芝珊瑚
Pleuractis paumotensis

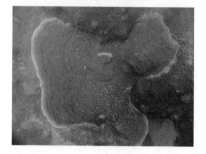

彩图 48　壳形足柄珊瑚
Podabacia crustacea

彩图 49　多叶珊瑚
Polyphyllia talpina

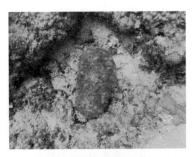

彩图 50　健壮履形珊瑚
Sandalolitha robusta

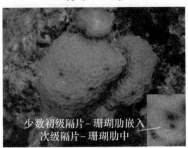

少数初级隔片-珊瑚肋嵌入
次级隔片-珊瑚肋中

彩图 51　深室沙珊瑚
Psammocora profundacella

隔片-珊瑚肋边缘锯齿状或布满细颗粒

彩图 52　柱形筛珊瑚
Coscinaraea columna

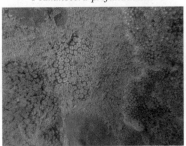

彩图 53　黑星珊瑚
Oulastrea crispate

彩图 54　棘星珊瑚
Acanthastrea echinate

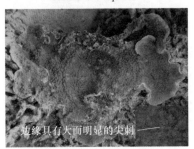

边缘具有大而明显的尖刺

彩图 55　粗糙刺叶珊瑚
Echinophyllia aspera

彩图 56　伞房叶状珊瑚
Lobophyllia corymbose

彩图 57　粗棘尖孔珊瑚
Oxypora crassispinosa

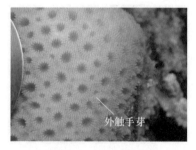

外触手芽

彩图 58　曲圆星珊瑚
Astrea curta

彩图 59　短枝干星珊瑚
Caulastraea tumida

彩图 60　粗糙腔星珊瑚
Coelastrea aspera

彩图 61　锯齿刺星珊瑚
Cyphastrea serailia

彩图 62　翘齿盘星珊瑚
Dipsastraea matthai

彩图 63　宝石刺孔珊瑚
Echinopora gemmacea

彩图 64　秘密角蜂巢珊瑚
Favites abdita

围栅瓣

彩图 65　梳状菊花珊瑚
Goniastrea pectinata

特异圆锥形小丘

彩图 66　小角刺柄珊瑚
Hydnophora microconos

彩图 67　弗利吉亚肠珊瑚
Leptoria phrygia

彩图 68　阔裸肋珊瑚
Merulina ampliata

珊瑚杯突出且向
边缘倾斜

彩图 69　象鼻斜花珊瑚
Mycedium elephantotus

围栅瓣明显

谷宽大于10 mm

彩图 70　贝氏耳纹珊瑚
Oulophyllia bennetae

彩图 71　莴苣梳状珊瑚
Pectinia lactuca

彩图 72　中华扁脑珊瑚
Platygyra sinensis

彩图 73　多孔同星珊瑚
Plesiastrea versipora

彩图 74　同双星珊瑚
Diploastrea heliopora

彩图 75　不均小星珊瑚
Leptastrea inaequalis

彩图 76　轻巧鳞泡珊瑚
Physogyra lichtensteini

彩图 77　泡囊珊瑚
Plerogyra sinuosa

彩图 78　灰三齿鲨
Triaenodon obesus

彩图 79　黑斑条尾魟
Taeniurops meyeni

彩图 80　蓝斑条尾魟
Taeniura lymma

彩图 81　纳氏鹞鲼
Aetobatus narinari

彩图 82　灰鳍异大眼鲷
Heteropriacanthus cruentatus

彩图 83　珍鲹
Caranx ignobilis

彩图 84　黑尻鲹
Caranx melampygus

彩图 85　细鳞圆鲹
Decapterus macarellus

彩图 86　金带齿颌鲷
Gnathodentex aureolineatus

彩图 87　黄点裸颊鲷
Lethrinus erythracanthus

彩图 88　红裸颊鲷
Lethrinus rubrioperculatus

彩图 89　斑胡椒鲷
Plectorhinchus chaetodonoides

彩图 90　叉尾鲷
Aphareus furca

彩图 91　白斑笛鲷
Lutjanus bohar

彩图 92　隆背笛鲷
Lutjanus gibbus

彩图 93　四带笛鲷
Lutjanus kasmira

彩图 94　黑带鳞鳍梅鲷
Pterocaesio tile

彩图 95　六角石斑鱼
Epinephelus hexagonatus

彩图 96　蜂巢石斑鱼
Epinephelus merra

彩图 97　斑点九棘鲈
Cephalopholis argus

彩图 98　尾纹九棘鲈
Cephalopholis urodeta

彩图 99　多带副绯鲤
Parupeneus multifasciatus

彩图 100　黄镊口鱼
Forcipiger flavissimus

彩图 101　中华管口鱼
Aulostomus chinensis

彩图 102　凹吻鲆
Bothus mancus

彩图 103　豆点裸胸鳝
Gymnothorax favagineus

彩图 104　金鳍稀棘鳚
Meiacanthus atrodorsalis

彩图 105　镰鱼
Zanclus cornutus

彩图 106　黑带长鳍天竺鲷
Taeniamia zosterophora

彩图 107　狐蓝子鱼
Siganus vulpinus

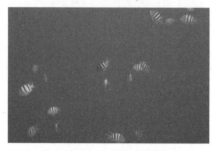

彩图 108　五带豆娘鱼
Abudefduf vaigiensis

彩图 109　克氏双锯鱼
Amphiprion clarkii

彩图 110　眼斑双锯鱼
Amphiprion ocellaris

彩图 111　圆尾金翅雀鲷
Chrysiptera cyanea

彩图 112　斑点羽鳃笛鲷
Macolor macularis

彩图 113　新月梅鲷
Caesio lunaris

彩图 114　叉纹蝴蝶鱼
Chaetodon auripes

彩图 115　马夫鱼
Heniochus acuminatus

彩图 116　大口线塘鳢
Nemateleotris magnifica

彩图 117　银色蓝子鱼
Siganus argenteus

彩图 118　无斑金翅雀鲷
Chrysiptera unimaculata

彩图 119　显盘雀鲷
Dischistodus perspicillatus

彩图 120　胸斑眶锯雀鲷
Plectroglyphidodon fasciolatus

彩图 121　栉齿刺尾鱼
Ctenochaetus striatus

彩图 122　横带刺尾鱼
Acanthurus triostegus

彩图 123　日本刺尾鱼
Acanthurus japonicus

彩图 124　颊吻鼻鱼
Naso lituratus

彩图 125　巴氏异齿鳚
Ecsenius bathi

彩图 126　丝蝴蝶鱼
Chaetodon Auriga

彩图 127　华丽蝴蝶鱼
Chaetodon ornatissimus

彩图 128　密点蝴蝶鱼
Chaetodon citrinellus

彩图 129　珠蝴蝶鱼
Chaetodon kleinii

彩图 130　塔形马蹄螺
Tectus pyramis

彩图 131　鳞砗磲
Tridacna squamosa

彩图 132　蝾螺
Turbo petholatus

彩图 133　叶海牛
Phyllidia varicosa

彩图 134　许氏大羽花
Comanthina schlegeli

彩图 135　长棘海星
Acanthaster planci

彩图 136　面包海星
Culcita novaeguineae

彩图 137　粒皮海星
Choriaster granulatus

彩图 138　白棘三列海胆
Tripneustes gratilla

彩图 139　蛇目白尼参
Bohadschia argus

彩图 140　杂色龙虾
Panulirus versicolor

彩图 141　猬虾
Stenopus hispidus

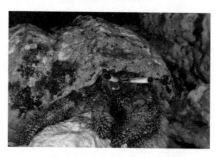

彩图 142　兔足真寄居蟹
Dardanus lagopodes

彩图 143　红斑梯形蟹
Trapezia rufopunctata

彩图 144　真绵蟹
Dromia dormia

彩图 145　蜂海绵
Haliclona sp.

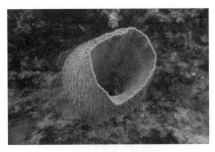

彩图 146　桶状海绵
Xestospongia testudinaria

彩图 147　柏美羽螅
Aglaophenia cupressina

彩图 148　平展列指海葵
Stichodactyla mertensii

彩图 149　大旋鳃虫
Spirobranchus giganteus

彩图 150　小壶海鞘
Atriolum robustum

彩图 151　荔枝海鞘
Oxycorynia fascicularis

彩图 152　紫杉状海门冬
Asparagopsis taxiformis

彩图 153　长乳节藻
Tricleocarpa cylindrical

彩图 154　耳壳藻
Peyssonnelia squamaria

彩图 155　扁乳节藻
Dichotomaria marginata

彩图 156　脆叉节藻
Amphiroa fragilissima

彩图 157　中叶藻
Mesophyllum mesomorphum

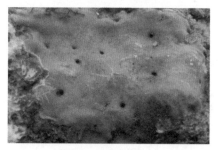

彩图 158　孔石藻
Porolithon onkodes

彩图 159　萨摩亚水石藻
Hydrolithon samoense

彩图 160　海南喇叭藻
Turbinaria ornate

彩图 161　花坛团扇藻

Padina sanctae − crucis

彩图 162　匍扇藻

Lobophora variegata

彩图 163　马尾藻

Sargassum sp.

彩图 164　网地藻

Dictyota dichotoma

彩图 165　囊藻

Colpomenia sinuosa

彩图 166　总状蕨藻

Caulerpa racemose

彩图 167　网球藻

Dictyosphaeria cavernosa

彩图 168　球囊藻

Ventricaria ventricosa

彩图 169　石莼

Ulva lactuca

彩图 170　轴球藻

Bornetella nitida

彩图 171　大叶仙掌藻

Halimeda macroloba